This series aims to report new developments in physical research and teaching — quickly, informally, and at a high level. The type of material considered for publication includes:

1. Preliminary drafts of original papers and monographs

2. Lectures on a new field, or presenting a new angle on a classical field

3. collections of seminar papers

4. Reports of meetings

Texts which are out of print but still in demand may also be considered if they fall within these categories.

The timeliness of a manuscript is more important than its form, which may be unfinished or tentative. Thus, in some instances, proofs may be merely outlined and results presented which have been or will later be published elsewhere.

Publication of *Lecture Notes* is intended as a service to the international physical community, in that a commercial publisher, Springer-Verlag, can offer a wider distribution to documents which would otherwise have a restricted readership. Once published and copyrighted, they can be documented in the scientific libraries.

Manuscripts

Manuscripts are reproduced by a photographic process; they must therefore be typed with extreme care. Symbols not on the typewriter should be inserted by hand in indelible black ink. Corrections to the typescript should be made by sticking the amended text over the old one, or by obliterating errors with white correcting fluid. The figures (in the original size) ready for reproduction should be inserted into the text. Should the text, or any part of it, have to be retyped, the author will be reimbursed upon publication of the volume. Authors receive 50 free copies.

The typescript is reduced slightly in size during reproduction, therefore a large size of type should be used; best results will not be obtained unless the text on any one page is kept within the overall limit of 18 x 26.5 cm (7 x 10½ inches). The publishers will be pleased to supply on request special stationery with the typing area outlined.

Manuscripts in English, German or French should be sent to Springer-Verlag' 6900 Heidelberg, Postfach 1780.

Die „*Lecture Notes*" sollen rasch und informell, aber auf hohem Niveau, über neue Entwicklungen in der Physik berichten. Zur Veröffentlichung kommen:

1. Vorläufige Fassungen von Originalarbeiten und Monographien.

2. Spezielle Vorlesungen über ein neues Gebiet oder ein klassisches Gebiet in neuer Betrachtungsweise.

3. Seminarausarbeitungen.

4. Vorträge von Tagungen.

Ferner kommen auch ältere vergriffene spezielle Vorlesungen, Seminare und Berichte in Frage, wenn nach ihnen eine anhaltende Nachfrage besteht.

Die Beiträge dürfen im Interesse einer größeren Aktualität durchaus den Charakter des Unfertigen und Vorläufigen haben. Sie brauchen Beweise unter Umständen nur zu skizzieren und dürfen auch Ergebnisse enthalten, die in ähnlicher Form schon erschienen sind oder später erscheinen sollen.

Die Herausgabe der „*Lecture Notes*" Serie durch den Springer-Verlag stellt eine Dienstleistung an die physikalischen Institute dar, indem der Springer-Verlag für ausreichende Lagerhaltung sorgt und einen großen internationalen Kreis von Interessenten erfassen kann. Durch Anzeigen in Fachzeitschriften, Aufnahme in Kataloge und durch Anmeldung zum Copyright sowie durch die Versendung von Besprechungsexemplaren wird eine lückenlose Dokumentation in den wissenschaftlichen Bibliotheken ermöglicht.

Lecture Notes in Physics

Edited by J. Ehlers, München, K. Hepp, Zürich and
H. A. Weidenmüller, Heidelberg
Managing Editor: W. Beiglböck, Heidelberg

15

Markus Fierz

Eidgenössische Technische Hochschule,
Zürich

Vorlesungen zur Entwicklungsgeschichte der Mechanik

Springer-Verlag
Berlin Heidelberg GmbH 1972

"Dicebat Bernardus Carnotensis, nos esse quasi nanos,
gigantium humeris insidentes, ut possimus plura eis
et remotiora videre, non utique proprii visus acumine,
aut eminentia corporis, sed quia in altum subvehimur et
extollimur magnitudine gigantea."

ISBN 978-3-540-05907-3   ISBN 978-3-540-37606-4 (eBook)
DOI 10.1007/978-3-540-37606-4

Vorwort

Diese Vorlesungen habe ich für Studenten der Physik und Mathematik gehalten. Ich wollte sie anregen, neben dem eigentlichen Fachstudium, sich auch mit der Geschichte unserer Wissenschaft, und damit überhaupt mit Geschichte und Kulturgeschichte, zu beschäftigen. Weil wir uns Rechenschaft geben sollen, was wir als Physiker tun, ist es wohl auch nötig zu wissen, woher wir kommen.

Ich gebe keine systematische Darstellung, sondern eine Folge von Bildern, in denen ich versuche, auch den kulturellen und philosophischen Hintergrund der jeweiligen Entwicklungsstufen anzudeuten. Die Auswahl des Stoffes entspricht dieser Absicht. Es zeigen sich darin aber auch die Interessen eines Liebhabers des Gegenstandes und die Schranken seiner Kenntnisse.

August 1971   Markus Fierz

Inhaltsverzeichnis

I. Einleitung

Unter "Mechanik", deren Entwicklungsgeschichte hier geschildert werden soll, verstehe ich vor allem "theoretische Mechanik". Aber Mechanik bedeutet auch das Tätigkeitsfeld des "Mechanikers", also praktische Mechanik. Diese gibt es, als handwerklich-technische Kunst, seit Urzeiten. Die Erbauer der grossen Pyramiden wussten mit Hebeln und Seilzügen umzugehen, Spinnen und Weben sind mechanische Künste,die in prähistorischer Zeit erfunden worden sind, Messen und Wägen waren den altorientalischen Kaufleuten und den Verwaltern der grossen Tempel wohl vertraut.

Aber die theoretische Mechanik, die wie alle eigentliche Theorie im alten Griechenland ihre Anfänge nimmt, hat zunächst durchaus nicht an den Erfahrungen der Handwerker angeknüpft. Die antike Gesellschaft, welche sich für Wissenschaft interessierte, war eine Adelsgesellschaft. Euklid soll mit dem König von Aegypten verkehrt haben, Archimedes, der grösste Mathematiker des Altertums, war ein Vetter des Königs von Syrakus. Die Blickrichtung solcher Männer ging nach Höherem, und es bestand wenig Interesse an den banausischen Künsten. (N.B. auch der Architekt, auch der Bildhauer, sie galten als Banausen).

Wer heute wissen möchte, was theoretische Mechanik sei, wird zu einem Lehrbuch greifen, in welchem diese Wissenschaft dargestellt ist. Wie die Mechanik geschaffen wurde, hat es natürlich keine Lehrbücher gegeben. Aber man hat Fragen gestellt und Antworten gegeben, die wir heute als Fragen über mechanische Probleme bezeichnen würden, und deren Beantwortung wir als mechanische Theorie betrachten. Um derartige Fragen überhaupt formulieren zu können, sind Begriffe nötig, die ebenfalls zunächst errungen werden müssen. Die Begriffe, die Fragen und die Antworten treten zunächst in Zusammenhängen auf, die wir nicht immer zur Mechanik rechnen. Auch sind die Begriffe oft schwankend und die Antworten darum unklar. Es ist aber nicht richtig, das, was wir bei den alten Gelehrten , rückblickend, als mechanische Fragestellung und Theorie finden, aus dem historischen Zusammenhang ganz herauszulösen. Denn dann wird manches unverständlich, oder wir können nicht begreifen, wie man auf solche, wie uns scheint, seltsame Vorstellungen gekommen ist.

Es wird freilich immer schwierig sein, das Denken längst vergangener
Zeiten zu verstehen, verstehen sich ja auch die Zeitgenossen meist
nur mit grösster Mühe!

Es ist im Verlauf der Geschichte behauptet worden, dass überhaupt
alle Vorgänge letzten Endes mechanisch erklärt werden könnten. Das
kann man "mechanische Theorie der Natur" nennen, ist aber etwas anderes,
als theoretische Mechanik. Eine derartige Theorie ist im Altertum nie
aufgestellt worden. (Die Atomisten, Demokrit oder Lukrez, besassen
keine mechanische Theorie!) Wohl aber haben die "Atomistischen Philosophen" der Barockzeit derartige Hoffnungen gehegt. Sie liessen sich
von den Ansichten des Demokrit inspirieren,die sie aus dem Lehrgedicht
des Lukrez kennen lernten. Sie gaben ihnen aber eine Wendung, die Demokrit und seiner Schule fern lag.

Im Altertum hat es zwei Arten der theoretischen Mechanik gegeben, die untereinander keine Aehnlichkeit hatten: Die Himmelsmechanik
und die irdische Mechanik.

Die Trennung entspringt der antiken Kosmologie, also den Vorstellungen vom allgemeinen Aufbau, von der Struktur der Welt, die ihren
vollendeten Ausdruck in den Lehren der Schule des Pythagoras und Platos
gefunden hat.

Die Grundvorstellung dieser Kosmologie ist folgende: die Welt ist
ein endliches, wohlgeordnetes, beseeltes Ganzes -, ein kugelförmiger
Kosmos. Denn das Unendliche ist schrankenlos, und kann darum kein Kosmos sein. Die Erde ruht im Zentrum der Welt, und von hier aus steigt
man auf zu immer höheren Sphären, bis man die Fixsternsphäre, als
oberste und vollkommenste Region, erreicht.

Das Vollkommene ist ewiglebend und göttlich; es ist keinem Wech-
sel unterworfen, wie die irdischen, vergänglichen Dinge. Ewig ist es
sich selber gleich. Diese Eigenschaften finden ihren sichtbaren Ausdruck in der ewig gleichen Kreisbewegung der Sterne. Kugel und Kreis,
das sind die vollkommensten Gestalten, denn sie besitzen - wie wir
sagen würden - vollendete Symmetrie. (Die innere Symmetrie der Geraden,
der Ebene , ist, weil diese unendlich sind, niemals "vollendet", zu-
mal in einem endlichen Kosmos).

Die himmlische Mechanik muss daher die gesetzmässige Bewegung
der Sterne zurückführen auf eine gleichmässige Kreisbewegung - sei es
von Kugeln oder von Kreisen.

Geleitet von solchen Vorstellungen entwickelten griechische

Mathematiker eine geometrische Theorie der Gestirnsbewegung. Insofern
man diese physikalisch ernst nahm, insofern sie also ein Bild des Kosmos darstellte, und nicht nur als mathematische Konstruktion galt
"um die Erscheinung zu retten", handelt es sich um eine Himmelsmechanik.

Auf der Erde aber, so dachte man, gelten keine mathematischen
Gesetze. Hier herrschen Werden und Vergehen, Geburt und Tod. Dies Geschehen suchte man mit Hilfe von Begriffen zu erfassen, die, falls man
sie mathematisch darzustellen sucht, entscheidend an Sinn verlieren.

In der Lehre vom Gleichgewicht ist die Antike allerdings zu
mathematischen Theorien vorgestossen. Denn das Gleichgewicht ist etwas
dauerndes, ein Zustand der Ordnung. In ihm herrschen Prinzipien der
Symmetrie, die mathematisch fassbar sind.

Wir werden sehen, wie es eine der grossen Aufgaben war, die himmlische und die irdische Mechanik in eine einzige Theorie zusammenzu-
fassen. Diese Synthese ist in der Newton'schen Mechanik erreicht worden.

II. Die Platonische Kosmologie und die Sphären des Eudoxos

Plato hat im Timaios - einem seiner letzten Dialoge - seine
wissenschaftliche Vorstellung vom Bau des Kosmos geschildert. Die
Darstellung ist grossartig, mythisch und abstrakt zugleich: eine
religiös-mathematische Schau. Der geheimnisvolle Text ist seit dem Altertum immer wieder kommentiert worden, und hat bis in die Zeit Kepler's und Galilei's einen unermesslichen Einfluss ausgeübt: denn der
platonische Kosmos ist nach mathematischen Gesetzen geschaffen.

Plato schildert, wie der Weltschöpfer, der Demiurg, die Weltseele
bildet, die dem Kosmos Gestalt und Leben verleiht. Durch Mischung
einer sich selber gleichen, und einer sich fremden Substanz, des
"Selbigen" und des "Anderen" - man könnte diese Substanzen "das Ideale"
und "das Materielle" nennen - bringt er den Weltstoff hervor. Die
Mischung wird hier in Teile geteilt, die sich wie die sieben Zahlen
$1, 2, 2^2, 2^3, 3, 3^2, 3^3$ zueinander verhalten, und die hernach den
sieben Planeten entsprechen. Diese Zahlen deuten hin auf die drei
Dimensionen des Raumes und zugleich auf eine musikalische Harmonie,

die sich auf dem Quintenzirkel aufbaut.*

Aus dem in solcher Weise harmonisch abgeteilten Stoff bildet der Demiurg zwei Kreise: erstens den Himmelsäquator, der die Fixsternsphäre und ihre Bewegung bestimmt und zweitens die Ekliptik, auf der die Planeten laufen. Diese beiden Kreise werden, so scheint mir, als Kreisflächen, nicht als Kurven gedacht. Denn es heisst nun, der Himmelsäquator ist ungeteilt, und ein Bild des Selbigen, die Ekliptik aber ist siebenfach, konzentrisch geteilt - entsprechend den sieben Planeten Mond, Sonne, Merkur, Venus, Mars, Jupiter und Saturn - und ist Abbild des Anderen.

Die beiden Kreise stehen schief zueinander, das ist die Schiefe der Ekliptik. Der Aequator dreht sich gleichförmig um die Achse der Welt, die Planetenkreise werden von der Drehung der Fixsternsphäre mitgenommen und drehen sich gleichzeitig in entgegengesetzter Richtung**, jeder mit eigener Geschwindigkeit. Die Planeten sind kugelförmig und drehen sich um ihre Achse. Alle diese Drehungen entspringen aus dem göttlichen Leben, der Weltseele, die den Kosmos erfüllt.

Dieser Kosmos gilt als "zeitlich bewegtes Abbild der Ewigkeit". "Uns aber, so sagt Plato, hat Gott die Sehkraft verliehen, damit wir die Umläufe der Vernunft im Weltgebäude betrachten und sie auf die Kreisbewegung unserer eigenen Vernunft und Tätigkeit anwenden."

Als physikalisches Modell des Sonnensystems ist die platonische Konstruktion unzureichend.

---

* Wählt man d als Grundton, so entsprechen sich Töne und Intervalle wie folgt:

$$d: a = \frac{3}{2} \ , \qquad d: e' = \frac{3^2}{2^2} \ , \qquad d: h' = \frac{3^3}{2^3}$$

$$d: G = \frac{2}{3} \ , \qquad d: C = \frac{2^2}{3^2} \ , \qquad d: F' = \frac{2^3}{3^3} \ .$$

Projiziert man diese Töne in eine einzige Oktave, so erhält man eine Tonleiter, in der den Ganztönen das Verhältnis 9/8, den Halbtönen das Verhältnis $\frac{256}{243}$ zukommt.

** Die Drehung des Aequators um die Weltachse ist die tägliche Umdrehung des Fixsternhimmels. Die Planeten bewegen sich relativ zum Fixsternhimmel und zwar von West nach Ost. Das kann man am deutlichsten am Mond beobachten: der Neumond geht, kurz nach der Sonne im Westen unter, der Vollmond aber geht bei Sonnenuntergang im Osten auf.

So hat denn der Mathematiker Eudoxos den Versuch gemacht, ein
Modell zu ersinnen, das die Erscheinung besser wiedergibt. Er stand
der platonischen Schule nahe, und seine Theorie kann als Verbesserung
derjenigen Platos gelten. Eudoxos war ein bedeutender Mathematiker,
dem wir die Theorie irrationaler Proportionen verdanken, die im V.
Buch des Euklid dargestellt ist. Ebenso geht das Exhaustionsverfahren
auf ihn zurück, das später Archimedes so meisterhaft zu verwenden
wusste. Er hat somit Probleme bearbeitet, die wir heute zu den Grundlagen der Analysis rechnen.

Seine astronomische Theorie stellt die Planetenbewegung durch
einen Mechanismus dar, der aus konzentrisch ineinandergeschachtelten
Kugeln besteht. Für jeden Planeten - ausser für Sonne und Mond -
sind mindestens vier konzentrische Kugeln notwendig. Die Achse einer
jeden der inneren Kugeln ist an der vorhergehenden befestigt und jede
Kugel dreht sich relativ zur vorhergehenden gleichförmig. Die erste,
äusserste dreht sich einmal im Tag um ihre Achse, und stellt daher die
Drehung des Fixsternhimmels dar. Die Achse der zweiten Kugel ist gegen
die Achse der ersten geneigt. Der Aequator der zweiten Kugel stellt die
Ekliptik dar, und seine Drehung die mittlere Bewegung des Planeten in
der Ekliptik. Die dritte und vierte Kugel dienen nun dazu, die ungleich-
mässige Bewegung des Planeten in der Ekliptik zu erzeugen. Das wird erreicht, indem die Achse der dritten Kugel im Aequator der zweiten,also
in der Ekliptik liegt, und diejenige der vierten Kugel gegen die Achse
der dritten passend geneigt ist. Die beiden Kugeln drehen sich mit
gleich grosser, aber entgegengesetzter Geschwindigkeit. Auf dem Aequator der letzten Kugel ist der Planet befestigt. Durch die Konstruktion
wird erreicht, dass der Planet sich nie allzuweit von der Ekliptik entfernt und längs dieser - neben seiner mittleren Bewegung Schwankungen
ausführt. Der Mechanismus gibt die Bewegung von Jupiter und Saturn gut
wieder, ist aber für die anderen Planeten unzureichend. Er kann aber
durch Einführen weiterer Kugeln verbessert werden, und das ist durch
Kallippos,einem Schüler des Eudoxos, geschehen. Schon bei Eudoxos sind
im Ganzen 27 Kugeln nötig: je drei für Sonne und Mond, je vier für die
übrigen Planeten und eine für die Fixsterne. Man hat sich darum oft ge-
fragt, ob diesen vielen Kugeln Realität zugeschrieben wurde, oder ob sie
als ideale Konstruktion galten, der man nur mathematische Bedeutung zu-
mass. Die Alternative, die dieser Fragestellung zugrunde liegt, gab es
aber für die platonischen Mathematiker des Altertums nicht.Für sie ist das

Ideale zugleich die höchste Realität. Der Himmel ist ein Reich mathematischer Gesetze; hier findet das Ideale seine Verwirklichung. Diese Vorstellung wird bei Plato dadurch ausgedrückt, dass seine Kreise durch Mischung des "Selbigen" mit dem "Anderen" entstehen. Diese Kreise oder Sphären sind die Ursache der Gestirnsbewegung, so wie dies für uns die Gravitation ist. Auch sie ist eine mathematische Abstraktion, die wir gleichwohl physikalisch ernst nehmen. Für die Griechen galt es als natürlich, dass sich eine Kugel beständig dreht, und so beruht die antike Himmelsmechanik auf einem Naturgesetz und liefert ein Modell der Welt. Aristoteles, der Schüler Platos, hat denn auch die Himmelssphären für wirklich und göttlich beseelt gehalten, und darin ist man ihm bis in die neuere Zeit gefolgt.

In der Theorie des Eudoxos kommt der Gedanke klar zum Ausdruck, dass die Naturgesetze mathematische Gesetze sind. Damit wird **die Mathematik der Schlüssel** zum Verständnis der Körperwelt - zunächst für die Welt der Himmelskörper. Dieser Gedanke ist für die Entwicklung der Mechanik und der Physik überhaupt entscheidend geworden.

III. Die Physik des Aristoteles

Aristoteles ist der bedeutendste Schüler Platos und einer der einflussreichsten Philosophen, die je gelebt haben. Seine Naturphilosophie ist uns in zahlreichen Schriften - Physik, Metaphysik, Meteorologie, "vom Himmel", "über das Werden und Vergehen" erhalten. Diese Schriften sind oft recht unsystematisch und voller Wiederholungen. Man nimmt an, dass es sich teilweise um Entwürfe zu Vorlesungen, oder um Nachschriften von solchen, handelt. Seiner Lehre liegt aber ein wohldurchdachtes System zugrunde, das vor allem durch die Spanisch-Arabischen Kommentatoren des frühen Mittelalters, wie Averroes (Ibn Roschd) herausgearbeitet worden ist, und das alsdann bis ins 17. Jahrhundert der Naturforschung zugrundegelegt wurde. Die innere Systematik gibt seinem Denken Einheitlichkeit und Ueberzeugungskraft. Dazu kommt, dass er durchaus empirisch vorgeht: er bringt in ein System, was man in der Natur täglich beobachtet. Daneben weist sein Denken freilich eigenartig archaische Züge auf.

Wenn wir die Bedeutung des Aristoteles richtig einschätzen wollen, so müssen wir seine Mechanische Theorie in einem weiteren

Rahmen, den seine Philosophie liefert, sehen. Denn sonst sind sie unverständlich, und es ist alsdann unbegreiflich, dass ihnen eine so lange dauernde Wirkung beschieden war.

Aristoteles ist der Schüler Platos, und seine allgemeinen philosophischen Prinzipien hat er sich in der Auseinandersetzung mit denjenigen seines Lehrers gebildet. Die Ideenlehre, nach welcher es für alle Dinge ideale Urbilder geben soll, die an einem himmlischen Orte aufbewahrt sind, hat er aber bekämpft. An die Stelle der Ideen setzte er die Entelechien. Das sind aktive, formale Prinzipien, die in der gestaltlosen Materie wirksam werden und ihr eine Form aufprägen. Diese Prinzipien sind begrifflicher Natur und die Wissenschaft, die ihre Ordnung erforscht und beschreibt ist nicht die Mathematik, sondern die Logik; sie spielt darum bei ihm die zentrale Rolle. Die Logik handelt von der hierarchischen Ordnung der Begriffe, und von den Schlüssen, die aus dieser Ordnung gezogen werden können. Darum hat Aristoteles eine Theorie des logischen Schliessens entwickelt, die Lehre von den Syllogismen. So ist er der Entdecker der formalen Logik geworden. Dieser Theorie liegt ein Schema zugrunde, das auch in seiner Physik grundlegend ist, wie es sein muss, wenn die logischen Prinzipien auch physikalische und kosmologische Prinzipien sind. Darum müssen wir die Theorie der Syllogismen besprechen. Syllogismen sind logische Schlüsse der folgenden Gestalt:

"Alle Berner sind Schweizer. Einige Berner sind Jurassier.

Also sind einige Schweizer Jurassier."

Jeder dieser drei Sätze stellt ein Verhältnis zwischen je zwei Begriffen fest. Eine derartige Feststellung heisst "Urteil". Nach Arisoteles gibt es vier Arten von Urteilen, die man nach scholastischem Gebrauch mit den vier Vokalen a,e,i,o bezeichnet.

Die Urteile haben folgende Form: sind A und B Begriffe, so lautet

a) A umfasst B: alle B sind A.

e) A schliesst B aus: kein B ist A.

i) A umfasst B teilweise: einige B sind A.

o) A schliesst B teilweise aus: einige B sind nicht A.

Begriffe kann man als Mengen deuten: A ist die Menge, die unter den Begriff A fällt. Sei A also eine Menge und A' ihr Komplement - in einem allerdings unbestimmten Gegenstandsbereich - so kann man schreiben:

$$(a)\ A > B\ ;\ (e)\ A' > B\ ;\ (i)\ A \wedge B\ ;\ (o)\ A' \wedge B.$$

Hier bedeutet > das Enthaltensein, Λ der Durchschnitt. Anders als in der Mengenlehre gilt dem Aristoteles die leere Menge nicht als Menge. Schreibt man A Λ B , so ist immer angenommen, diese Menge sei nicht leer. Ebenso nimmt man an, dass A und B nie leer seien.

Hinter dieser Annahme - dass nämlich ein Begriff auch notwendig einen Gegenstand setze -, die Aristoteles nie explizite formuliert, von der er aber dauernd Gebrauch macht, steckt uralte Wortmagie, der wir auch heute nur allzuleicht zum Opfer fallen.
Doch kann uns auch schlimmeres geschehen, wenn nämlich mit dem Wort nicht einmal ein Begriff verbunden ist: das sind alsdann die wahren Zauber- und Machtworte, die die Menschen verhexen. Von den vier Urteilen heissen (a) und (e) "allgemein", (i) und (o)"partikulär". Anderseits heissen (a) und (i) "bejahend", (e) und (o) "verneinend".

Ein Syllogismus besteht aus drei Urteilen: zwei Voraussetzungen und einem Schluss. Es gilt folgendes Gesetz: Eine der Voraussetzungen muss allgemein sein: das ist der "Maior", die zweite Voraussetzung muss bejahend sein: das ist der "Minor". Denn aus zwei partikulären, oder zwei verneinenden Voraussetzungen kann nichts gefolgert werden. Daher ergeben sich vier mögliche Syllogismen.
Diese sind

Maior	$A > B$	$A' > B$	$A > B$	$A' > B$
Minor	$B > C$	$B > C$	$B \wedge C$	$B \wedge C$
Conclusio	$A > C$	$A' > C$	$A \wedge C$	$A' \wedge C$
	(a)	(e)	(i)	(o)

In der Tabelle ist unter jedem Syllogismus der "Modus" der Conclusio: a, e, i, o angegeben. Man sieht, allemal wird in der Konklusion der "Mittelbegriff" B eliminiert, und eine Aussage über das Verhältnis von A und C hergestellt. Man kann die Struktur dieser Tabelle durch folgende Figur darstellen:

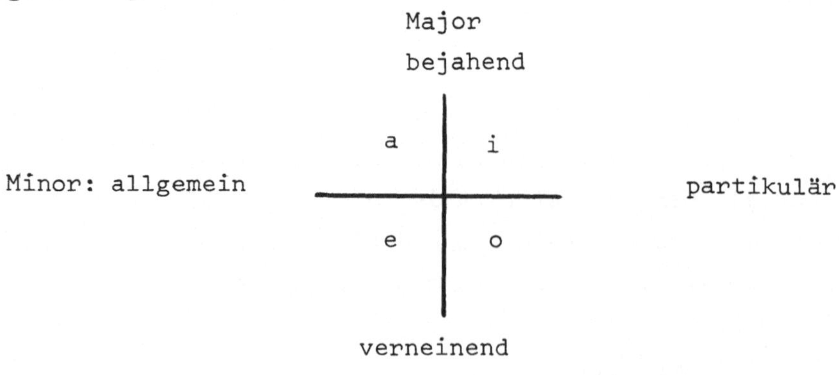

Der Major muss allgemein, kann aber bejahend oder verneinend sein. Der
Minor muss bejahend, kann aber allgemein oder partikulär sein. Man kann
"bejahend-verneinend" und "allgemein-partikulär" als Gegensätze auffas-
sen. In einem Syllogismus kommt dann je ein Partner der beiden Gegensatzpaare zur Geltung, und daraus ergeben sich die vier "Modi" der Kon-
sequenz, die in der Figur angegeben sind.

Bedenkt man, dass die hier skizzierte Theorie der erste Schritt
zur formalen Logik war, so muss man, obwohl grosse Mängel offenkundig
sind, den Scharfsinn des Philosophen bewundern. Der Hauptmangel ist,
worauf ich schon hingewiesen habe, die Annahme, ein Begriff sei niemals leer. Damit hängt eine ungenügende Unterscheidung von Begriffen
und Gegenständen zusammen, da mit jedem Begriff ein Gegenstand gegeben
sein soll.

Aristoteles sah das "Wesen" eines Gegenstandes in seiner Definition. Er hält es für einen unbestreitbaren Satz, dass bei ursprünglichen Gegenständen der Begriff des Gegenstandes und der Gegenstand eines
und dasselbe sind. Für begriffliche Gegenstände mag man das zugestehen.
Er hält aber auch den Sokrates und seinen Begriff für ein und dasselbe,
und diese Behauptung ist schon schwieriger zu verstehen. Denn für uns
ist Sokrates ein Gegenstand, eine historische Person, und kein Begriff:
es gibt für uns gar keinen "Begriff des Sokrates".

Aristoteles dachte anders. Die Begriffe sind für ihn aktive, formale Substanzen, die freilich im allgemeinen nur potentiell vorhanden
sind. Neben den Begriffen, den "substanziellen Formen", gibt es noch
die formlose und passive Materie.* Indem sich die Form der Materie
bemächtigt, gibt sie ihr Gestalt: es entsteht ein Gegenstand, indem sich
die Form aktualisiert. Das Formal-begriffliche, das in jedem Gegenstand
aktuell wird, macht sein "Wesen", seine "Natur" aus. Es ist eine der
wichtigsten Aufgaben der Physik - der Naturwissenschaft - zu zeigen,
wie sich in den Naturvorgängen die Formen aktualisieren. So wollen wir
uns also der Aristotelischen Physik zuwenden. Was den Himmel, die Gestir-
ne, anbetrifft, so folgt Aristoteles der platonischen Theorie des Eudoxos, die er in seiner Metaphysik kurz beschreibt. Jede der vielen

---

* Heute pflegt man der "Form" den "Inhalt" gegenüber zu stellen. Eine
  solche Gegenüberstellung wäre dem Aristoteles unverständlich gewesen,
  denn bei ihm ist es gerade die Form, die den Inhalt bestimmt.

Sphären wird von einer selber unbewegten Seele im Umlauf gehalten. Es
scheint, dass er sich die Himmelssphären und Planeten aus einer be-
sonderen, himmlischen Substanz gebildet dachte, der Quintessenz. Im
Gegensatz hiezu besteht die irdische Welt "unter dem Monde" (sublu-
nare Welt) aus den bekannten vier Elementen: Feuer, Wasser, Luft und
Erde. Diese vier sind für ihn allerdings keine letzten und unauflös-
lichen Grundstoffe. Elemente im eigentlichen Sinne sind vielmehr die
beiden Gegensatzpaare: feucht-trocken und warm-kalt, also Eigenschaften, etwas Begriffliches. Die Grundstoffe entstehen durch Zusammentreten je eines Partners der beiden Gegensatzpaare, was man, wie bei
den Syllogismen, durch die folgende Figur darstellen kann:

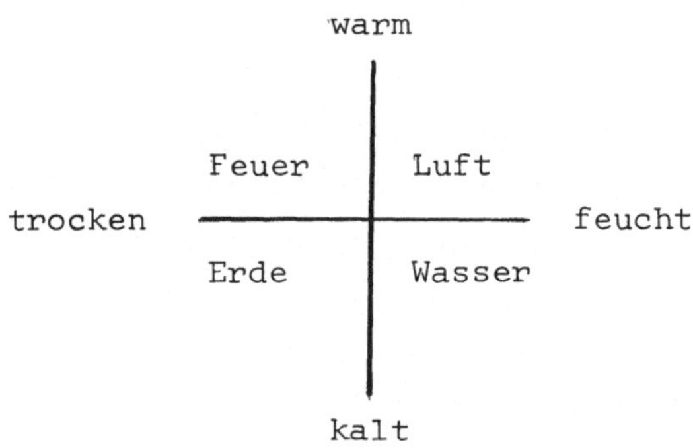

Da die Grundstoffe durch Zusammentreten der vier Eigenschaften entstehen, so können sie auch vergehen, d.h. sich ineinander wandeln:
Wasser wird zu Luft, indem es seine Kälte verliert und sich erwärmt;
es wird zu Erde, indem es trocknet usw.

Diese Elementenlehre ist eine eigentliche Theorie, d.h. sie beschreibt die Erfahrung mit Hilfe einer begrifflichen Struktur, der
gleichen, die auch der Logik zugrunde liegt. Die Theorie ist aber
wesentlich qualitativ und nicht quantitativ.

Die Wandlung oder der Kreislauf der Elemente gilt dem Aristoteles
als eine Bewegung, wie dies immer der Fall, wenn sich eine "substanzielle Form" - z.B. hier die Grundqualitäten - der Materie bemächtigt.
Eine Bewegung ist ein Prozess, bei dem etwas verschwindet und neues
entsteht, der von einem Ausgang zu einem Ziel führt. In ihm sind vier
Gründe wirksam, die causa formalis, materialis, efficiens und finalis
genannt werden. Wie die logischen Modi und die Grundqualitäten kann
man sie in zwei Paare zusammenstellen. Als Illustration mögen für ein
Haus, das gebaut wird - das ist die "Bewegung" - die vier Gründe ge-

nannt werden: Causa materialis: das Baumaterial

                     formalis   : der Bauplan

                     efficiens   : der Architekt,
der am Anfang steht

                     finalis   : das Wohnen,
der Zweck des Hauses.

Die vier Gründe werden logisch erfasst. Mathematisch kann nur die
causa formalis dargestellt werden, weshalb für Aristoteles eine mathematische Physik gar keine Physik sein kann, denn diese hat alle Gründe
zu berücksichtigen. Das kann nur die Logik, die darum für ihn höher
steht als die Mathematik, und sie umfasst. In der logischen Ordnung
der Welt ist der umfassende Begriff auch physikalisch übergeordnet und
jede Begriffsstufe muss mit der ihr angemessenen Methode behandelt
werden. Es ist ferner nach Aristoteles Ansicht unwissenschaftlich,
die Kategorien zu vermischen, und so lehnt er auch die Neigung der
Mathematiker ab, Strukturen zwischen denen eine Aequivalenz gestiftet
werden kann, zu identifizieren. Denn im Begriff soll sich ja das Wesen
des Gegenstandes offenbaren. Anschaulich verschiedene Strukturen, z.B.
geometrische Grössen und Zahlen, sind nach Aristoteles wesensverschie-
den, und dürfen darum auch begrifflich nicht identifiziert werden. In
der Geometrie haben die Griechen ja auch die irrationalen Grössen entdeckt, denen nach ihrer mathematischen Auffassung keine Zahlen entsprechen.

Die Physik studiert die "Natur" (Physis) der Dinge, ihr Werden
und Vergehen. Das sind Bewegungen und unter ihnen ist die Ortsbewegung ein Spezialfall. Die Himmelsbewegungen sind ewig und kreisförmig.
Die irdischen Bewegungen aber sind endlich, sie haben einen Anfang
und ein Ziel. Doch auch sie finden im wohlgeordneten Kosmos statt. In
diesem hat jedes Ding seinen Ort, zu dem es strebt und wo es Ruhe
findet. Die vier Elemente sind nun wie folgt geordnet: zu unterst -
im Zentrum - liegt die Erde, auf ihr das Wasser, dann folgt die Luft
und zu oberst kommt das Feuer.

Die irdische Ortsbewegung kann nun "natürlich" oder "gewaltsam"
sein. Die natürliche Ortsbewegung strebt nach Ordnung: das ist ihre
causa finalis. Die causa efficiens, ihr Ausgangspunkt ist darum eine
falsche Anordnung. In natürlicher Bewegung streben Erde und Wasser -
ein Stein, der Regen - abwärts, Feuer und Flamme, Luft und Dampf aber
aufwärts. Erde und Wasser sind daher von Natur aus schwer, Luft und

Feuer leicht. Die natürliche Bewegung geht also, je nachdem, aufwärts
oder abwärts und ist geradlinig. Sie muss notwendig einen Anfang und
ein Ende haben, denn eine unendlich lange Gerade hätte im endlichen
Kosmos keinen Raum, und ist, wie alles unendliche, für Aristoteles,
eine unsinnige Vorstellung. Die kreisende Himmelsbewegung, die stets
in sich zurückkehrt, kann dagegen ewig dauern.

Neben der natürlichen, gibt es die "gewaltsame" Bewegung, die
wider die Natur der Stoffe erfolgt. Sie tritt ein, wenn z.B. ein
Stein in die Höhe gehoben oder durch die Luft geworfen wird. Die Ursache einer solchen Bewegung ist eine äussere Gewalt, die aus Gründen
oder Zwecken auftritt, die mit der Natur des Steines nichts zu tun
haben. Der Stein wird z.B. in die Höhe gebracht, weil man ihn zum Bau
einer Mauer gebraucht, und so ist der Mauerbau Ursache seiner Bewegung.
Ja, man darf sogar sagen, er sei die Bewegung, denn in ihm verwirk-
licht sich die Mauer. Die Bewegung ist gewaltsam, denn es ist eine Kraft
nötig, damit sie auftritt, wie ein jeder feststellt, der einen Stein
heben oder sonstwie bewegen möchte. Die Kraft muss desto grösser sein,
je schneller die Bewegung sein soll und je schwerer der Stein ist. Dies
gilt auch, wie die Erfahrung lehrt, wenn ein Stein, oder auch ein Wa-
gen, auf der Horizontalen bewegt werden soll, denn auch dies ist keine
natürliche Bewegung.

Eine besondere Art der gewaltsamen Bewegung ist der Wurf.Es ist
nun allerdings schwierig, den Wurf zu erklären. Denn was ist die Kraft,
die den frei fliegenden Stein antreibt?Die Erklärung, die Aristoteles
in diesem Falle gibt, ist schon früh kritisiert worden, und sie ist
nur verständlich, wenn man seine Theorie des "Ortes" näher unter-
sucht. "Ort" ist das, was ein Gegenstand einnimmt und der Raum ist die
Gesamtheit aller Oerter, die von Gegenständen erfüllt sind. Wo kein
Gegenstand ist, da ist kein Ort und darum gibt es logischerweise keinen
leeren Raum, denn dieser ist ein widerspruchsvoller Begriff. Darum gibt
es ausserhalb des Kosmos - der endlich ist - keinen Ort noch Raum. Der
Raum ist nun überall erfüllt von den Grundstoffen, die hier ihren natürlichen Ort einnehmen.

Der Wurf erfolgt nicht im Vakuum - das es nicht geben kann - sondern
in der Luft. Er erfolgt in einem Ort, der natürlicherweise von Luft ein-
genommen wird. Indem sich der Stein durch die Luft bewegt, verdrängt er
sie aus dem Ort, den sie, ihrer Natur nach, beibehalten möchte. Die
Luft, von ihrem Ort verdrängt, strebt daher, in natürlicher Bewegung,
an diesen zurück. Sie schliesst sich also hinter dem Stein wieder zu-

sammen, und treibt dadurch den Stein voran.

Seiner Natur entsprechend strebt der Stein allerdings in die Tiefe.
Und da auf Erden alles nicht nur einen Anfang, sondern auch ein Ende
hat, wird schliesslich dieses Streben wirksam werden: der Stein fällt
zur Erde und gelangt so an seinen Ort.

Ich hoffe, diese kurze Schilderung der Aristotelischen Physik
macht hinreichend deutlich, dass es sich um eine geschlossene, nicht
ohne innere Logik aufgebaute Theorie handelt. In ihr findet jede
Erscheinung eine einleuchtende Erklärung, wobei ein erbauliches Bild
des wohlgeordneten Kosmos entsteht. Es ist deshalb kein Wunder, dass
der Aristotelischen Theorie ein ungeheurer Erfolg beschieden war. Auf
ihrer Grundlage ist es aber sehr schwierig, wenn nicht unmöglich, eine
mathematische Naturbeschreibung aufzubauen, da ihre Grundkategorien
sich dazu gar nicht eignen. Diese sind ja "das natürliche", das "logisch geordnete". Die Theorie ist allzu empirisch, denn sie möchte das,
was man täglich beobachtet und erlebt und darum als naturgemäss empfin-
det, systematisch darstellen. Eine mathematisch-physikalische Theorie
dagegen wird immer eine ideale Situation zugrundelegen müssen, die,
wie jedes Ideal, empirisch gar nie angetroffen wird. Sie muss also
Züge enthalten, die nicht der Erfahrung, sondern der Vorstellungskraft
des mathematischen Physikers entspringen.

IV. Die Mechanik des Archimedes und seiner Nachfolger

Archimedes wurde um 287 v.Chr. in Sizilien geboren und ist bei der Belagerung seiner Vaterstadt Syrakus durch die Römer 212 v.Chr. ums
Leben gekommen. Dem Soldaten, der ihn umgebracht hat, soll er zuge-
rufen haben: noli turbare circulos meos! Er war also bis zum letzten
Atemzug Mathematiker. Seine erhaltenen Werke sind für uns der Höhepunkt griechischer Mathematik.

In der Mechanik hat er sich mit der Theorie des Gleichgewichts
von starren Körpern und von schwimmenden Körpern befasst. In seiner
Arbeit über die Spirale finden sich grundlegende kinematische Sätze.
Ferner haben ihn mechanische Vorstellungen zu mathematischen Entdeckungen geführt, wie wir aus seinem Brief an Eratosthenes, über
seine "Methode" erfahren. Man darf darum Archimedes als den ersten
mathematischen Physiker bezeichnen. Als solchen haben ihn auch die Gelehrten des 17. Jh., die die moderne Mechanik begründet haben, be-

trachtet, und ihn als Vorbild und Ahnherrn verehrt.

Anders als bei Plato und Aristoteles, ist in den mechanischen Arbeiten des Archimedes der kosmologische Hintergrund nicht mehr sichtbar. Es wird auch nicht versucht, ein umfassendes und einleuchtendes Gesamtbild des Naturgeschehens zu entwerfen. Archimedes behandelt spezielle Fragen, vor allem die Theorie des Gleichgewichts. Nun kann man sagen: das Gleichgewicht ist der Zustand der Ordnung, in welchem die Körper ihren "natürlichen Ort" einnehmen, den sie von selber nicht verlassen. Darum ist das Gleichgewicht der mathematischen Behandlung zugänglich, wogegen für die Veränderung, die Bewegung, dies nach griechischer Ansicht nicht möglich ist. In diesem Sinne steht auch hinter der Mechanik des Archimedes eine kosmologische Theorie. Da das Gleichgewicht mathematischen Prinzipien unterliegt, ist die kosmologische Ordnung mathematisch,nicht logisch, und darum ist Archimedes immer als Platoniker betrachtet worden.

Die mathematische Behandlung geschieht unter Zugrundelegung von Postulaten, die den Arbeiten vorangestellt sind. In diesen ist der physikalisch-empirische Inhalt der Theorie enthalten.

Die griechischen Mathematiker hatten nun allerdings die Neigung, ihre Axiome sehr knapp zu formulieren und sie hernach sehr extensiv auszulegen: aus sehr wenigen Voraussetzungen haben sie auf diese Weise sehr viel bewiesen. Aber die Beweise halten, vor allem am Anfang der Entwicklung einer Theorie, der strengeren Kritik nicht immer Stand: nach heutiger Auffassung wird manches stillschweigend vorausgesetzt, was unbedingt ausdrücklich als Axiom formuliert werden müsste. Darum haben die Beweise gelegentlich einen sophistischen Charakter. Eine kritische Analyse des axiomatischen Aufbaus z.B. der Elemente des Euklid, wie sie T.L. Heath in seiner klassischen Ausgabe (Dover Publications, 1956) durchgeführt hat, ist darum ungemein lehrreich. Man sollte auch die"Grundlagen der Geometrie" von David Hilbert (Teubner, 8. Auflage 1956) studieren, damit man lernt, wieviel postuliert werden muss, um zu einem logisch einwandfreien axiomatischen Aufbau zu gelangen. Im Lichte dieser modernen Untersuchung eines der bedeutendsten neueren Mathematikers, wird man die Kühnheit und die grosse Leistung der Griechischen Mathematiker nur desto mehr bewundern.

In seinen beiden Büchern: "Ueber das Gleichgewicht von Flächen oder über die Schwerpunkte von Flächen" leitet Archimedes zunächst das Hebelgesetz ab. Hiezu postuliert er folgendes:

1. Gleiche Gewichte in gleichen Abständen sind im Gleichgewicht,
   und gleiche Gewichte in ungleichen Abständen sind nicht im
   Gleichgewicht, sondern neigen zum Gewicht, das in grösserem Abstand ist.
2. Wenn Gewichte in gewissen Abständen im Gleichgewicht sind, und
   zu einem Gewicht etwas hinzugefügt wird, sind sie nicht mehr im
   Gleichgewicht, sondern neigen zu demjenigen Gewicht, zu dem zu-
   gefügt wurde.
3. Analog, wenn von einem der Gewichte etwas hinweggenommen wird,
   sind sie nicht mehr im Gleichgewicht, sondern neigen zum Gewicht von dem nichts weggenommen wurde.
4. Wenn gleiche und ähnliche ebene Figuren zusammenfallen, falls
   man sie aufeinanderlegt, fallen auch ihre Schwerpunkte zusammen.
5. In ungleichen, aber ähnlichen Figuren liegen auch die Schwerpunkte ähnlich.
6. Sind Grössen in gewissen Abständen im Gleichgewicht, so sind
   Grössen, die ihnen gleich sind,in den gleichen Abständen ebenfalls im Gleichgewicht.
7. In jeder Figur, deren Umriss überall in gleicher Richtung konkav
   ist, liegt der Schwerpunkt innerhalb der Figur.

Zu diesen Postulaten bemerke ich:

Aus 4. und 6. muss man schliessen, dass "gleiche Figuren" nicht
kongruente, sondern flächengleiche Figuren bedeutet. Das Postulat 1.
ist darum kein reines Symmetrieprinzip: es kommt nur auf den Flächeninhalt an, nicht aber auf die Gestalt der Figuren. Von dieser darf man
abstrahieren.

In den Postulaten 4.,5.und 7. ist vom Schwerpunkt die Rede. Dieser
ist aber nirgends definiert und noch weniger ist bewiesen, dass es einen Schwerpunkt gibt. Nun beruft sich Archimedes im Verlaufe seiner Beweise auf den Satz, dass der gemeinsame Schwerpunkt zweier Flächen auf
der Verbindungsgeraden ihrer Schwerpunkte liegt. Die Schrift, in der
dies bewiesen, ist aber verloren gegangen. Es ist denkbar, dass dort
der Begriff "Schwerpunkt" definiert war, und die Existenz bewiesen
wurde. Ich bezweifle dies aber, weil Archimedes den Satz: "der gemeinsame Schwerpunkt gleicher Flächen ist der Mittelpunkt der Verbindungsgeraden ihrer Schwerpunkte" indirekt beweist, und ihn nicht als Korol-
lar des 1. Postulates betrachtet. Wenn man eine sinnvolle Definition
des Schwerpunktes voraussetzt, ist dieses Vorgehen unlogisch.

Dass es überhaupt einen Schwerpunkt gibt, ist keineswegs selbstverständlich. Pappus hat versucht, hiefür einen Beweis zu liefern, der aber ganz unzureichend und fehlerhaft ist. Dies verstärkt meine Vermutung, dass die Theorie auch bei Archimedes lückenhaft war. Im Unterschied zu Pappus hat das aber bei ihm nicht zu eigentlichen Fehlern geführt, denn vor solchen bewahrte in sein mathematisches Ingenium.

Es bleibt aber doch wahr, dass die Postulate sehr unvollständig sind, was vor allem Ernst Mach betont hat. Der Versuch, aus der symmetrischen Situation auf die unsymmetrische zu schliessen, ist ohne Künstlichkeiten unmöglich. Und trotz allem ist der Archimedische Beweis des Hebelgesetzes interessant und auch historisch wichtig. Darum will ich die Beweisidee möglichst einfach erklären. Auf Feinheiten, die sich ergeben, wenn man keine Theorie der reellen Zahlen, sondern nur die Proportionen-Lehre voraussetzt, wie dies Archimedes tut, gehe ich nicht ein.

Es seien also zwei Flächen der Grössen M und N gegeben. Diese ersetze man, gemäss Postulat 6. durch zwei Rechtecke der Längen M und N und der Breite 1. Im Sinn der Postulate liegt in jedem Rechteck der Schwerpunkt in der Mitte. Man betrachte nun ferner das Rechteck der Länge M + N, und auch sein Schwerpunkt liegt in seiner Mitte. Nun betrachte ich die folgende Figur:

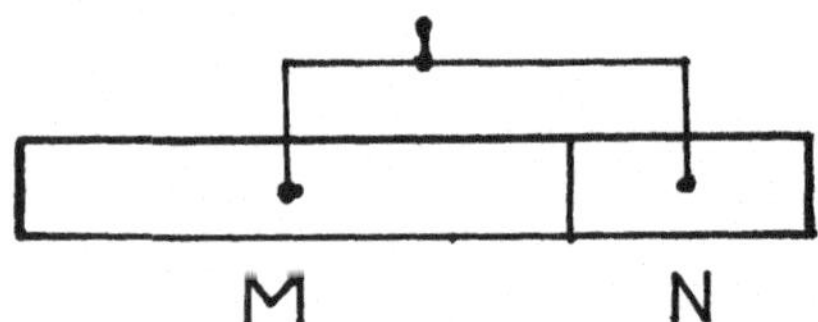

Zählt man die Längen vom Anfang des Rechtecks M aus, so liegt der Schwerpunkt von N + M bei $\frac{M + N}{2}$, derjenige von M bei $M/_2$ und derjenige von N bei $M + {}^{N/}2$. Das System ist im Gleichgewicht, wenn jeder Teil im Schwerpunkt aufgehängt ist und sich der Aufhängepunkt von M + N bei $\frac{N + M}{2}$ befindet. Daraus folgt nun leicht, dass sich die Abstände der Schwerpunkte von M und N vom gemeinsamen Aufhängepunkt umgekehrt wie die Gewichte verhalten. Beim Beweis ist offenbar angenommen, dass es keine Rolle spielt, ob M und N starr verbunden sind, oder nicht. Das Vereinigen von M und N zu einem Ganzen M + N braucht also nicht "physikalisch" zu erfolgen, sondern es genügt, wenn dies in Gedanken geschieht. Sind nämlich M und N starr verbunden, so kommt es ja nicht darauf an, an welchen Stellen M und N befestigt sind, nur der gemeinsame Aufhängepunkt - $\frac{M + N}{2}$ - ist wesentlich. Trennt man aber M und N, dann ist es nicht evident, dass der gemeinsame Aufhängepunkt nicht verschoben werden muss.

Die Schwäche dieser Beweisführung ist aber - historisch gesehen - gerade ihre Stärke. Archimedes nimmt im Sinne der Platonischen Tradition an, dass eine reale oder physikalische Vereinigung der beiden Teile M und N gleichwertig zu einer idealen oder mathematischen Vereinigung sei. Er vertraut darauf, dass die geometrische Situation allein massgebend ist, und man von den anderen physikalischen Umständen - ob M und N starr verbunden sind, oder nicht - abstrahieren darf. Der Erfolg hat ihm in diesem Fall recht gegeben und hat auch seine Nachfolger ermutigt, der Macht mathematischen Schliessens zu vertrauen. Es sind ferner zwei Bücher "Ueber schwimmende Körper" erhalten. In diesen studiert Archimedes vor allem das Gleichgewicht von in einer Flüssigkeit schwimmenden Rotationsparaboloiden.

Hier formuliert er seine berühmten Sätze, dass ein schwimmender Körper soviel Wasser verdrängt, wie sein Gewicht beträgt, und dass ein untergetauchter Körper soviel an Gewicht verliert, wie er Wasser verdrängt.

Mit Hilfe des zweiten Satzes kann man das spezifische Gewicht eines Körpers bestimmen. Auf diese Entdeckungen bezieht sich eine berühmte Anekdote, die ich mit den Worten Keplers wiedergeben will:
"Archimedes hatte sich lang viel bedacht, wie man Unzerbrochener guldenen Kron seines Königs erfahren möchte, wie viel Ire von Silber zugesetzt. Da Ime nun solliches eingefallen, und er im Bad gesessen, ist er, gleich wäre er töricht, nackend aus dem Bad gelaufen, und vor Freuden aufgeschrien "heureka".
(an Mästlin 11.6.1598)

Die Gleichgewichtsaufgaben löst Archimedes mit Hilfe des folgenden Postulats: "Man gestehe zu, dass Körper, die in einer Flüssigkeit aufwärts getrieben werden, längs des Lotes getrieben werden, das durch ihren Schwerpunkt geht". Bei einem schwimmenden Körper ist hiebei der Schwerpunkt des untergetauchten Teils zu betrachten, denn dieser wird durch die Flüssigkeit aufwärts getrieben. Der Schwerpunkt des aufgetauchten Teils wird dagegen abwärts gezogen. Gleichgewicht herrscht nur dann, wenn die beiden Kräfte gleich sind und wenn auch ihr Drehmoment verschwindet.

Schliesslich möchte ich die Arbeit "Über Spiralen" besprechen, da sie durch die streng mathematische Weise, in der ein kinematisch formuliertes Problem behandelt wird, vorbildlich geworden ist.

Zunächst definiert Archimedes, was es heissen soll, dass sich

ein Punkt längs einer Geraden gleichförmig bewegt. Hierauf betrachtet
er in der Ebene eine Gerade, die sich um einen ihrer Punkte O gleichförmig dreht. Längs dieser Geraden bewegt sich ein Punkt gleichförmig.
So beschreibt er in der Ebene eine <u>Spirale</u>. ("Helix" = Schnecke)

Sei OK die Anfangslage der Geraden. Indem sich diese aus der
Anfangslage herausdreht, schreitet auch der Punkt, von O ausgehend,
ihr entlang fort. Derjenige Teil der Spirale, der während der ersten
Umdrehung der Geraden erzeugt wird, heisst "die erste Windung".

Es sei nun P irgend ein Punkt auf der ersten Windung. OT stehe
senkrecht auf OP und wird von der Tangente in P an die Spirale im
Punkte T geschnitten. Man zeichne ferner den Kreis O, der durch P
geht. Dieser schneidet die Ausgangsgerade OK in K.

Dann ist OT, gleich der Länge des Kreisbogens von K nach P .
Mathematisch wird durch diesen Satz die Richtung der Tangente an die
Spirale geliefert. Zugleich wird aber festgestellt, dass man die Geschwindigkeit des Punktes, der die Spirale beschreibt, in eine radiale
und eine dazu senkrechte Komponente zerlegen kann, wobei das Verhältnis
dieser Komponenten festgelegt wird. Dieser sowohl geometrische wie
auch kinematische Aspekt der Aussage verleiht ihr ein besonderes
Interesse.

Analytisch können wir heute die Aussage wie folgt beweisen:
Seien r und ϕ ebene Polarkoordinaten, dann ist die Spirale durch die
Gleichungen

$$\phi = \omega t \ , \ r = \rho \cdot t$$

gegeben (ω und ρ sind Konstanten, t ist die variable Zeit). Die Geschwindigkeit $\vec{v}$ des Punktes hat die beiden Komponenten

$$v_\phi = r \cdot \omega \ , \ v_r = \rho \ .$$

Daher ist
$$(vt)^2 = (r \, \omega t)^2 + (\rho t)^2 = (r\phi)^2 + r^2 \ .$$

Das rechtwinklige Dreieck mit den Katheten r (d.i.OP) und $r\phi$ (d.i.OT =
Bogen von K nach P) hat als Hypothenuse die Tangente PT an der
Spirale.

Wie beweist nun Archimedes seine Behauptung? Natürlich betrachtet er eine Figur: (siehe S. 19)
Er stellt zunächst fest, dass der Winkel OPR spitz ist - das hat er
früher bewiesen und wir wollen es glauben. Also schneidet die Tangente
in P den Kreis durch P in einem Punkte R. Ebenso wird OT, das Lot in O
auf OP, die Tangente in T schneiden.

Der Beweis wird nun indirekt geführt. Sei also z.B.

$$OT > \text{arc } KRP \qquad (\text{arc bedeutet den Kreisbogen})$$

Dann trage man längs OT die Strecke OU ab, derart dass

$$OT > OU > \text{arc } KRP.$$

Also ist $\qquad OP : OU > PO : OT.$

Sei L der Fusspunkt des Lotes von O auf PR. Dann sind die Dreiecke OLP und TOP ähnlich. Also ist auch

$$OP : OU > LP : LO .$$

Auf der Tangente TP gibt es darum einen Punkt F, wobei die Gerade OF den Kreis in Q schneidet, sodass

$$FQ : PQ = OP : OU$$

PQ ist die <u>Sehne</u> unter dem Kreisbogen von P nach Q, also einer Gerade. Wie man F konstruiert, hat Archimedes in Prop.7 gezeigt. Der Satz handelt offenbar nur von einem Kreis und von Geraden.

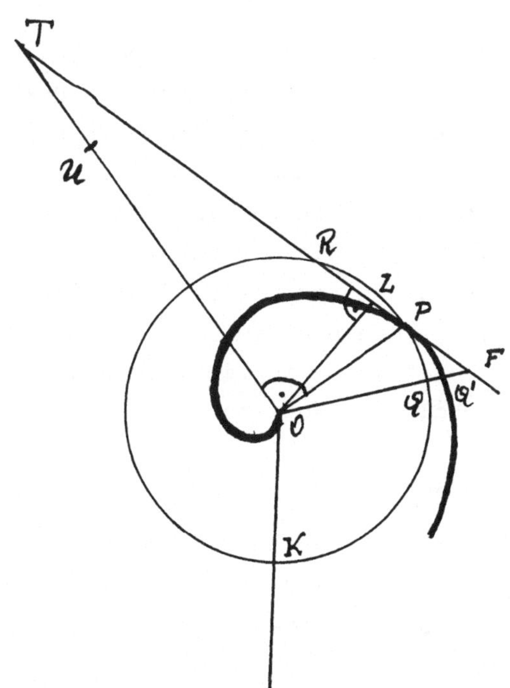

Da nun OP = OQ, und da man in einer Proportion die inneren Glieder vertauschen kann, so gilt auch

$$FQ : OQ = PQ : OU < \text{arc } PQ : \text{arc } KRP.$$

Denn arc PQ > PQ und, nach Voraussetzung ist OU > arc KRP. Es ist somit auch

$$(FQ + QO) : QO < (\text{arc } PQ + \text{arc } KRP) : \text{arc } KRP.$$

(d.h. wenn a : b < c : d, so ist auch(a + b): b < (c + d): d)·

Das kann man auch schreiben:
$$FO : OQ < \text{arc } KRQ : \text{arc } KRP.$$
OF schneide die Spirale in Q'. Nun lautet die <u>Gleichung der Spirale</u>,
die jetzt verwendet wird:
$$\text{arc } KRQ : \text{arc } KRP = OQ' : OP$$
(das ist die Gleichung $r = a\phi$ als Proportion geschrieben). Also ist
$$FO : OQ < OQ' : OP.$$
Aber $\qquad\qquad OQ = OP,$ also
$$FO < OQ' , \text{ und das ist unmöglich.}$$
Daher ist die Annahme OT > arc KRP widerlegt.
Analog beweist man, dass OT< arc KPP unmöglich ist,
weshalb $\qquad\qquad OT = \text{arc } KRP \qquad\qquad$ q.e.d.

Ich habe diesen Beweis ausführlich dargestellt, damit der Leser
sieht, wie schwierig, aber auch wie schön, diese klassischen Beweise
sind.

Aus den Studien des Archimedes kann man lernen, dass im Gleichgewicht sich nicht nur die Kräfte, sondern auch die Drehmomente
gegenseitig aufheben müssen. Dies ist bei ihm zwar nicht als allgemeines Prinzip formuliert, was im Rahmen seiner Begriffsbildungen
auch gar nicht möglich ist. Er hat ferner in seiner Arbeit über die
Spirale Betrachtungen angestellt, die wir heute mit Hilfe der Differentialrechnung anstellen. Er hat damit eine Stufe mathematisch-physikalischen Denkens erreicht, wie sie erst im 17. Jahrhundert wieder erreicht werden sollte. Und dies wurde möglich, eben weil man ihn wieder
recht verstand und als Vorbild betrachtete.

Spätere Alexandrische Autoren; Pappus

Auch nach Archimedes hat es bedeutende griechische Mathematiker
und Astronomen gegeben, wie Apollonios von Perga, der die Theorie der
Kegelschnitte und die astronomische Theorie der Epizykel entwickelt
hat. Er lebte um 200 v.Chr. Der grosse Astronom Hipparch ist ungefähr eine Generation jünger. Er benützte neben eigenen auch 500 Jahre
ältere babylonische Beobachtungen und entdeckte so die Präcession der
Aequinoctialpunkte. Die antike Astronomie findet ihren Höhepunkt und
Abschluss in dem grossen Werk des Ptolemaeus, der um 150 n.Chr. gelebt
hat. Wir benennen es mit dem arabischen Namen "Almagest", was "Das
sehr Grosse" - nämlich "Werk" - bedeutet. Ptolemaeus hat auch über
Harmonielehre geschrieben, die er, wie auch seine astronomischen Er-

kenntnisse, zu astrologischen Zwecken gebrauchte. Einen mathematischen
Physiker, wie es Archimedes war, hat aber das Altertum keinen zweiten
hervorgebracht.

Zu Beginn unserer Zeitrechnung (um 60 n. Chr.) lebte in Alexandrien Hero, und über seine mechanischen Studien weiss man einigen Bescheid, da sie in den "Gesammelten Werken" des Pappus, der Anfang des
4. Jh. in Alexandrien gelebt hat, beschrieben sind.

Pappus widmete das 8. Buch seiner Sammlung der Mechanik, und
dieses Buch ist bis in's 17. Jh. fleissig gelesen worden. Im Titel
wird gesagt, es enthalte mannigfaltige und erfreuliche Probleme der
Mechanik. In einer Einleitung erläutert Pappus Bedeutung und Nutzen
der Mechanik. Er führt ungefähr folgendes aus: "Die Mechanik hilft
uns bei der Lösung lebenswichtiger Fragen. Darum wird sie von den
Philosophen hoch geschätzt, von den Mathematikern eifrig studiert. Sie
ist die Wissenschaft vom Wesen der Natur und der Welt, und sie betrachtet Stellung, Gewicht und Bewegung der Körper. Gemäss Hero teilt man
sie ein in die mathematisch-beweisende Mechanik, und in diejenige
Mechanik, die sich auf Handwerkskünste bezieht. Das erste Gebiet heisst
"rationale Mechanik" und umfasst Geometrie, Arithmetik, Astronomie und
Physik. Handwerkskünste aber sind: die Schmiede- und Giesskunst, die
Baukunst, die Zimmerei, die Malerei u.s.w. Solche Künste muss man in
der Jugend erlernen, und man soll sich auch spezialisieren. Wichtige
mechanische Apparate und Instrumente sind Flaschenzüge, Katapulte,
Wasserhebewerke, Spielwerke und Automaten, sowie Himmelsgloben und
Planetarien. Ueber all dies wusste Archimedes Bescheid: ein göttlicher
Mann!"

Pappus beschreibt auch die "fünf Maschinen" ("fünf Potenzen")
des Hero: Keil, Hebel, Schraube, Flaschenzug und Radwelle, deren Konstruktion genau erläutert wird - "damit man nicht Bücher, in denen
diese Dinge beschrieben sind, umsonst kaufe".

Die Theorie von Hebel, Flaschenzug und Welle beruht auf dem
Hebelgesetz. Keil und Schraube aber versteht man nur mit Hilfe der
Theorie der schiefen Ebene. Pappus versucht darum eine solche Theorie
zu liefern: er fragt, welche Kraft ist nötig, um ein Gewicht auf einer
schiefen Ebene aufwärts zu ziehen. Er geht davon aus, dass schon die
Bewegung auf der horizontalen Ebene eine Kraft nötig hat, und will nun
die Kraft auf der schiefen Ebene mit dieser vergleichen. Diese un-
glückliche Fragestellung führt ihn denn auch zu einer falschen Antwort, die wir folgendermassen formulieren können:

Sei k die Kraft, die in der Horizontalen nötig ist, K·diejenige auf der schiefen Ebene, welche die Neigung θ besitzt, so ist

$$K = k \frac{1}{1-\sin \theta}$$

Dieses Ergebnis ist unvernünftig, weil K für θ = 90° unendlich wird.
Pappus versucht auch die Existenz der Schwerpunkte zu beweisen. Er
schliesst wie folgt:

"Sei ein Körper in einem Punkt α aufgehängt und im Gleichgewicht,
und sei L das Lot durch α . Dann teilt jede Ebene, die L enthält,
den Körper in zwei Teile, die sich das Gleichgewicht halten. Hängt man
nun den Körper in irgend einem anderen Punkte α' auf, so geht durch
α' das Lot L' .   L und L' müssen sich in einem Punkte σ schneiden, und dieser ist der Schwerpunkt.

Beweis: würden sich L und L' nicht schneiden, so gäbe es durch L
und L' zwei parallele Ebenen, die beide den Körper in zwei Teile teilen,
die sich das Gleichgewicht halten. Das ist aber absurd."

Die Behauptung, dass eine Ebene durch L den Körper in zwei
Teile teilt, die sich das Gleichgewicht halten, bedeutet offenbar folgendes: wenn man den Körper in einem Punkte β , der in dieser Ebene
liegt, aufhängt, so liegt auch das Lot durch β in der Ebene. Nur
unter dieser Voraussetzung ist der Beweis sinnvoll. Ich sehe nicht,
wie man diese Annahme rechtfertigen kann, wenn man nicht die Existenz
des Schwerpunktes für die Teile voraussehen will. Indem Pappus sagt,
die Teile halten sich das Gleichgewicht, erinnert er ja an das Hebelgesetz des Archimedes: die Abstände verhalten sich reziprok zu den Gewichten. Was können aber die Abstände anders sein, als die der Schwerpunkte?

Wenn ich nun also meine, dieser Beweisversuch des Pappus sei
missglückt, so wie auch seine Theorie der schiefen Ebene missglückt
ist, so ist es doch ein Verdienst, dass er diese Probleme gesehen hat.
Er war kein Genie, wie Archimedes, aber doch ein ungemein gelehrter
und verständiger Mann, der das grosse Gebiet der griechischen Mathematik überblickte und verstand, und so noch einmal das, was die Griechen in 700 Jahren wissenschaftlicher Arbeit geleistet hatten, zusammengefasst hat. Denn die Tage griechischer Wissenschaft waren gezählt:
bald sollten Barbaren das römische Reich überschwemmen. In den folgenden düsteren Zeiten hatten die grossen Geister andere Sorgen als das
Lösen mathematischer Probleme.

V. Die mittelalterliche Mechanik

Der Zerfall des römischen Weltreiches bedeutete im Westen auch
den Untergang der Wissenschaft. Nur trümmerhaft war, was aus der Kata-
strophe gerettet wurde. Aus diesen Trümmern haben sich im frühen
Mittelalter Menschen, in denen das Bedürfnis lebte, sich in der Welt
geistig zu orientieren, ein eigenartiges Weltbild aufgebaut. Dieses
ist nicht naturwissenschaftlich, sondern religiös-allegorisch. Gerade
weil die wissenschaftlich-systematische Grundlage verloren gegangen
war, wurden die vielfältigsten Anregungen aufgenommen und daraus ein
phantasievolles Weltbild gestaltet, in dem alles einen naturhaften
und zugleich einen moralisch-religiösen Sinn besass. Die Darstellung
ist oft dichterisch - wie bei Bernhard von Chartres, oder visionär -
wie bei der Aebtissin Hildegard von Bingen, und besitzt ihren eigenen
Zauber.

Beide genannten haben im 12. Jh. gelebt und gewirkt. Trotz der
unseren Begriffen nach unzureichenden Ueberlieferung, hegte z.B. Bernhard die grösste Verehrung für das klassische Altertum. Er soll gesagt
haben, wir seien gleichsam Zwerge, die auf den Schultern von Riesen
stehen, weshalb wir mehr und weiter sehen könnten - ein Wort, das auch
Newton zitiert hat,* als er die Verdienste seiner Vorgänger loben
wollte.

Anders als im Westen des Reiches, war im Osten, d.h. in Byzanz,
die Ueberlieferung besser erhalten. Diese ist im 8. Jahrhundert von
den Arabern übernommen worden.

Nach dem Tode Mohammedes hat sich der Islam mit erstaunlicher
Kraft ausgebreitet und ein Weltreich gegründet, das von Persien
über Nordafrika bis Spanien reichte. Nur mit Mühe ist es Karl Martell,
dem merowingischen Hausmeier gelungen, eine arabische Eroberung Frank-
reichs abzuwenden (Schlacht bei Poitiers 732).

Die Hauptstadt des islamischen Grossreiches haben die Kalifen
von Damaskus nach Bagdad verlegt, und zu einem Zentrum künstlerischer
und wissenschaftlicher Kultur gemacht. Byzanz, das den Angriffen der
Araber widerstanden hatte, trat in kulturellen Austausch mit der neuen

---

* Brief an Hooke, 5. Febr. 1676

Weltmacht. Damit lernten die Araber griechische Philosophie und
Wissenschaft kennen: Aristoteles, Euklid, Archimedes und Apollonius
wurden ins Arabische übersetzt und von arabischen Gelehrten studiert
und kommentiert. Diese arabischen Uebersetzungen und Kommentare sind
Ende des 12. Jh., vor allem über Spanien, im Abendland bekannt geworden. In Spanien war nämlich um diese Zeit das Kastilische König-
tum neu erstarkt,und es gelang,nach und nach die Araber aus Spanien
zu verdrängen. Gleichzeitig vertieften sich aber die kulturellen Beziehungen. Symbol dieser Vorgänge ist der Spanische Held, der Cid, der
erst für die Kastilier, dann für die Mauren kämpft. In Toledo wurde
vom Grosskanzler und Erzbischof eine Schule gegründet, die den arabischen Aristoteles ins Latein übersetzte. Mittler waren jüdische
Gelehrte, die beider Sprachen einigermassen mächtig waren. Diese Uebersetzungen sind freilich oft in einem schrecklichen Latein abgefasst,
von arabischen termini technici durchsetzt, und daher schwer verständlich. Das hat sie aber vielleicht gerade faszinierend gemacht: sie
waren rätselhaft, und Rätsel reizen zur Lösung. So ist die Aristotelische Naturphilosophie, zusammen mit den grossen Kommentaren ara-
bischer Gelehrter: Ibn Sina = Avicenna, Ibn Roschd = Averroes,ins[*]
Abendland gedrungen. Sie hat sich erstaunlich schnell ausgebreitet,
obwohl die Kirche zunächst energisch Widerstand leistete. Die Aristotelische Philosophie, in der durch islamische, also heidnische
Gelehrte systematisierten Gestalt, schien höchst bedenklich. Die
ewige Umdrehung des Himmels passte nicht zum biblischen Schöpfungs-
glauben. Zudem waren mit ihr astrologische Theorien verbunden, wie sie
etwa der Aristoteliker und Hofastrolog Friedrichs II. von Sizilien,
Michael Scotus, vertreten hat, der darum auch von Dante in die Hölle
verbannt worden ist. Denn die Astrologie empfand man als atheistisch.

Vor allem durch das Wirken Thomas von Aquin's ist aber
schliesslich im Laufe des 13. Jh. die Aristotelische Philosophie
dennoch herrschend geworden. Thomas konnte sich allerdings auf Ueber-

---

[*] Die mittelalterlichen Namen dieser Gelehrten entsprechen der in
Spanien üblichen Aussprache. "I" im Anlaut wird zu "A", "b" wird
zu "v". Ibn = Ben bedeutet Sohn. Die Vokalisierung ist in semitischen
Sprachen - ähnlich wie im Deutschen - instabil. Geschrieben werden
nur die Konsonanten,so dass bei einer Transkription auf die Tradition abgestellt werden musste, die eben Spanisch war.

setzungen aus dem Griechischen stützen. Der um 1200 unternommene
4. Kreuzzug führte ja nicht zur Eroberung von Jerusalem, sondern zu
derjenigen von Byzanz. Fränkische Ritter haben dort für 50 Jahre
ein Königreich errichtet, und infolge dessen sind griechische Codices,
teils als Kriegsbeute, in den Westen gelangt; so auch die Elemente
des Euklid, die früh ins Lateinische übersetzt worden sind. (Durch
Campanus; seine Uebersetzung des Euklid gehört zu den ersten, gedruckten Büchern (Venedig 1482))

Die Scholastiker haben es unternommen,die Aristotelische Physik -
oder was man dafür hielt - im Sinne Euklids mathematisch darzustellen.
Die Schriften des Archimedes waren damals unbekannt. Dagegen besass
man eine Schrift über Mechanik aus der Aristotelischen Schule, in der
einfache Maschinen, wie der Hebel, das Ruder u.s.w. behandelt waren.
Dem Autor galt als grundlegender Vorgang die Kreisbewegung: der Hebel,
das Ruder, sie drehen sich um eine Achse.

Die älteste mittelalterliche Schrift, in der neue Gedanken
zutage treten ist die "Lehre vom Gewicht" des Jordanus de Nemore.Wer
dieser Jordanus war, wann und wo er gelebt hat, ist unbekannt. Es ist
durchaus möglich, dass unter diesem Namen auch Arbeiten mehrerer, verschiedener Autoren im Umlauf waren. Man datiert diese Schriften mei-
stens in die Mitte des 13. Jahrhunderts.

Jordanus stellt die folgenden Postulate auf:

1. Die Bewegung jedes Gewichtes geht zum Zentrum. Seine Kraft (Virtus)
   ist die Fähigkeit,nach unten zu streben und der entgegengesetzten
   Bewegung zu widerstehen.
2. In seinem Abstieg ist es desto schwerer, je direkter sein Weg zum
   Zentrum geht.
3. Nach seiner Lage (secumdum situm) ist es desto schwerer, je weniger
   schief sein Abstieg ist.
4. Der Abstieg ist desto schiefer, je weniger direkten Abstieg er in
   der gleichen Grösse enthält.

In 1. Postulat ist das "Zentrum", von dem die Rede ist, das Zentrum
der Welt. Den Postulaten liegt die Vorstellung zugrunde, dass ein Gewicht, je nach der Situation, in der es sich befindet, mehr oder
weniger direkt zu diesem Zentrum strebe. Seine Schwere ist desto grösser, je direkter der Weg. Das ist im Sinne einer Proportionalität gemeint; denn dass ein quantitativer Zusammenhang anders als linear
sein könne, kommt dem Autor gar nicht in den Sinn. So muss man auch
das 4. Postulat wie folgt verstehen: wenn z.B. längs einer schiefen

Ebene - in der Fallinie - ein Weg ℓ durchlaufen wird, und hiebei
der "direkte Abstieg" $\bar{h}$ beträgt, dann ist die Schiefe der Ebene
durch ℓ/h gegeben. Also ist, gemäss Postulat 3., die gravitas secundum situm proportional zu h/ℓ. Nach Postulat 2) ist die Schwere am
grössten, wenn $\ell = h$: das würden wir das Gewicht der Masse nennen.
Eine Masse m, für welche $\ell = h$, hält daher einer anderen Masse n,
für die $\ell > h$, das Gleichgewicht, wenn $m = nh/\ell$.

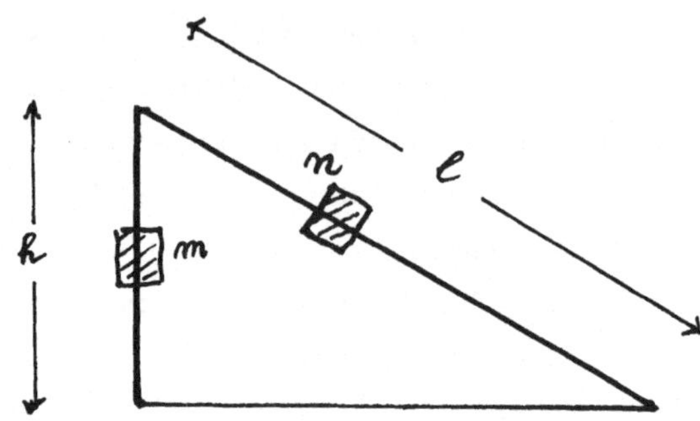

Das ist das richtige Gesetz für die schiefe Ebene. Den antiken Theo-
retikern ist es nicht gelungen, dieses aufzufinden.

Die Ueberlegungen des Jordanus sind nun freilich nicht so einfach, wie ich sie hier dargestellt habe. Alles wird vielmehr sehr
umständlich und eher unklar auseinandergesetzt. Die Postulate selber
sind ja auch alles andere als klar und erst aus ihrer erfolgreichen
Anwendung wird deutlich, was gemeint ist. Die Unklarheiten des Jordanus sind sehr lehrreich. Es schwebt ihm das richtige vor, aber er hat
grosse Mühe, seine Einsicht zu formulieren. Denn es fehlt ihm zunächst
eine wissenschaftliche Sprache und Terminologie. Eine solche steht uns
heute zur Verfügung: Geschwindigkeit, Kraft, Arbeit usw. haben für uns
eine wohlbestimmte Bedeutung. Wir besitzen eine Formelsprache, mit
der wir die Beziehungen physikalischer Grössen untereinander übersicht-
lich darstellen können - und ich habe hiervon bei meiner Erklärung des
Jordanus auch Gebrauch gemacht.

Die Ausdrücke virtus ponderosi, gravitas secundum situm, des-
census obliquus aut directus, das sind Ansätze zu einer Terminologie.
Wie jede solche, kann sie nur durch Anwendung an Beispielen klarge-
macht werden.

Es ist eines der grossen Verdienste der Scholastik, dass sie
erste Schritte zu einer wissenschaftlichen Terminologie getan hat.

Dabei hat die Gelehrten das Begriffliche, das Formale vor allem interessiert. Die Betrachtung wird daher häufig ausserordentlich abstrakt - wir werden dafür Beispiele kennen lernen. Uns erscheint vieles heute als leere Begriffsspalterei; doch haben diese Bemühungen ihren historischen Sinn: die Gelehrten lernten in Begriffen denken. So wurde es möglich, logische Strukturen und philosophische Probleme unabhängig von ihrem konkreten Inhalt zu analysieren.* Solches war der Antike undenkbar, denn mit dem Begriff war ihr ja stets ein Inhalt gegeben.

Im 14. Jh. hat sich dann vor allem bei den Franziskanern der Universität Oxford eine Schule gebildet, in der versucht wurde, die aristotelische Theorie der Bewegung mathematisch darzustellen. Die berühmtesten dieser Gelehrten hiessen William Heytesbury, Richard Swineshead (genannt Calculator), Thomas Bradwardine.

Man stellte die Frage: was soll es bedeuten, dass eine Geschwindigkeit desto grösser ist, je grösser die Kraft und desto kleiner, je grösser der Widerstand? Den Ansatz

$$(1) \qquad v = k/r \quad ,$$

der uns als natürlichste Deutung vorkommt, fand man unbefriedigend. Denn es bestand die Ansicht, dass die Kraft einen endlichen Grenzwert überschreiten müsse, damit eine Bewegung überhaupt möglich sei. Das entspricht nämlich den Lehren des Aristoteles und auch der alltäglichen Erfahrung. Daher wurde auch das Gesetz

$$(2) \qquad v = k - r$$

diskutiert. Doch auch dieses fand man unbefriedigend. Daher wurde ein Gesetz vorgeschlagen, das wir

$$(3) \qquad v \sim \lg k/r = \lg k - \lg r$$

schreiben würden. Freilich, Logarithmen gab es damals noch nicht, weshalb man das Gesetz in der Form

$$k/r = (\text{const})^{v/v_0}$$

formuliert hat. Dies musste umständlich mit Worten und numerischen Beispielen geschehen und war darum nur einem scharfsinnigen mathematischen Denker möglich. Qualitativ entsprechen natürlich alle drei Gesetze der Aussage des Aristoteles, wobei das Gesetz (3) die Eigen-

---

* Beispiele für eine derartige Fragestellung, bei der das prinzipielle Problem, nicht der Inhalt, im Vordergrund steht, ist folgendes: "Hätte Christus die Welt erlösen können, wenn er als Erbse wäre geboren worden?

schaften von (1) und (2) gleichsam vereinigt: es kommt zwar auf das
Verhältnis k/r an, aber k = o ist offenbar unmöglich. Das 3. Gesetz
war darum längere Zeit populär und bot auch Anlass, den mathematischen
Scharfsinn zu üben. Die Diskussion macht deutlich, dass qualitative
Aussagen im Stil der Postulate des Jordanus den mathematischen Zusammenhang durchaus nicht festlegen, und dass ein solcher keineswegs
linear sein muss. Auch über veränderliche Bewegung hat man nachgedacht. Im Anschluss an die Oxforder Franziskaner hat Nicolaus Oresme,
ein hoher Kleriker in Paris,über derartige kinematische Fragen - wie
wir das nennen würden - geschrieben. Der Rahmen, in dem diese Betrachtungen erscheinen, ist aber für uns seltsam. Sein Buch trägt
den Titel "De configuratione qualitatum et motuum". Er betrachtet
die "Intensio et remissio formarum".

Eine "forma", das ist ein scholastisch-logischer Begriff, den
wir "Eigenschaft" nennen würden, und der aus der aristotelischen
Philosophie stammt. Dieser gemäss ist ja jeder Gegenstand durch Form
und Materie bestimmt.

Eine Form ist darum immer über eine Materie ausgebreitet und
dabei hat sie einen "Grad", d.h. sie kann intensiver oder weniger
intensiv sein: d.i. die intensio und remissio, das Stark- und Schwach-
werden.

Die Materie hat Ausdehnung,sowohl im Raum wie auch in der Zeit,
oder auch in gänzlich abstrakter Weise. So ist die Ausdehnung der Seele
abstrakt und "uneigentlich", denn sie ist nicht räumlich ausgedehnt.
Die Form kann nun über ihrer Ausdehnung verschiedene Grade oder Intensitäten besitzen:

        simpliciter uniformis, d.h. konstant
        uniformiter difformis, d.h. linear anwachsend
        difformiter difformis, d.h. beliebig ungleichförmig.
Formen, die man betrachten kann, sind z.B. Wärme, Weisse, Süssigkeit,
Geschwindigkeit, musikalische Harmonie, der Seelenzustand, z.B. das
Erbarmen (Caritas).
Es handelt sich somit um eine ungemein allgemeine und abstrakte Theo-
rie, denn es wird vom Inhaltlichen gänzlich abgesehen.

Oresme sagt nun, man könne die Ausdehnung der Materie z.B.als
Strecke darstellen, in jedem Punkte der Strecke aber ein Lot er-
richten, dessen Länge ein Mass der Intensität dieser Form darstellt. So erhält man eine Figur, welche die "Figuration" der Form

zum Ausdruck bringt. Der Flächeninhalt dieser Figur aber stellt die "gesamte Form" dar, welche in der Materie vorhanden ist.

Oresme diskutiert auch den Fall, wo die Materie flächenhaft ausgedehnt ist, weshalb die "Figuration" nun ein Körper wird, ja er schreckt auch nicht von einer räumlich ausgedehnten Materie zurück, was zu einer vierdimensionalen "Figuration" führt.

Die Figuren, die Oresme beschreibt, sind eine graphische Darstellung der Veränderung von Eigenschaften. Die Intensitäten sind dabei gewissermassen Dichten und der Flächeninhalt, bezw. Volumeninhalt der Figuren ist sodann die Gesamtgrösse. Darum hat Oresme seinen Platz in der Vorgeschichte der Integralrechnung. Er hat auch bewiesen, dass es Figuren gibt, die sich ins Unendliche erstrecken und die gleichwohl einen endlichen Flächeninhalt haben, z.B. summiert er geometrisch die geometrische Reihe $\sum_n \frac{1}{2^n}$

Die "Figurationen" sind es nun, die Oresme vor allem interessieren, denn sie sollen die besondere Qualität einer Form erklären. So sagt er: gewisse Qualitäten sind stechend, wie gewisse Geschmäcker, Kälten und Wärmen, z.B. die Wärme im Pfeffer. Das muss daher kommen, dass in solchen Fällen die Figuration einer besonders spitzen Figur entspricht. Ferner sind etwa der Löwe und der Adler beides ungemein warme Tiere. Aber so wie ihre Gestalt verschieden ist, so ist auch ihre Wärme verschieden figuriert. Ueberhaupt kommt es nicht nur auf die Gesamtheit einer Form allein an, sondern auch sehr auf ihre Figuration. Die rechte Figuration kann eine Eigenschaft schöner und vollkommener machen, und jedem Wesen sind gewisse Figurationen besonders angemessen. So können in Edelsteinen gewisse Eigenschaften ähnlich figuriert sein, wie im Menschen, was ihre geheime Wirkung, die durchaus nicht magisch, sondern natürlich ist, erklärt.

Ich bin bei diesen Betrachtungen länger verweilt, weil in den Lehrbüchern der Physik- und Mathematikgeschichte von dieser Seite der "Intensio et remissio formarum" meist garnicht die Rede ist. Mit Physik in unserem Sinne hat das ja auch nichts zu tun. Aber für Oresme waren die Figurationen die Hauptsache und er hat sie durchaus als wissenschaftliches Erklärungsprinzip verstanden. Es fällt dabei auf, dass die Wärme eine Form ist, der er besondere Aufmerksamkeit widmet - im Pfeffer, im Löwen und Adler, und auch sonst. Denn diese Form galt im Mittelalter als eine Art Lebensprinzip und gestaltende

Kraft, war also viel mehr als das, was wir heute Wärme nennen.

Auch die Ortsbewegung oder die Geschwindigkeit ist eine Form und kann darum im Rahmen dieser Theorie abgehandelt werden. Dies muss unter folgenden Gesichtspunkten geschehen:

Man hat die Ausdehnung des Beweglichen zu betrachten, denn dieses ist die Materie der Bewegung. Diese Ausdehnung kann räumlich oder zeitlich aufgefasst werden. Ferner ist die Intensität der Bewegung zu betrachten, d.h. die Geschwindigkeit.
In ihrer räumlichen Ausdehnung kann die Bewegung uniform oder difform sein. Eine räumliche uniforme Bewegung ist das, was wir Translation nennen, wogegen eine Rotation räumlich niemals uniform ist. Die Ausdehnung kann im Raum gross oder klein, in der Zeit kurz oder lang sein, die Geschwindigkeit kann schnell oder langsam sein. Diese Bestimmungen gelten als Intensitäten. Ich verstehe das so: wenn man z.B. die räumliche Ausdehnung betrachtet, so kann diese, bei fester Geschwindigkeit, gross oder klein sein. Die gesamte Form wird demgemäss grösser oder kleiner, je grösser oder kleiner die Ausdehung ist, und entspricht daher ungefähr dem, was wir Bewegungsgrösse nennen. Wenn man dagegen die Zeit als Ausdehnung gibt, dann wird der durchlaufene Weg die gesamte Form darstellen.

Die Geschwindigkeit (velocitas) ist nun veränderlich (intensibilis et remissibilis). Die Intensio heisst in diesem Falle velocitatio, die selber velox oder tardus sein kann. Die velocitatio ist also die Beschleunigung, die selber schnell oder langsam sein kann. Ist die Bewegung uniformiter difformis, dann ist die velocitatio konstant. Die zugehörige Figuration hat die folgende Gestalt:

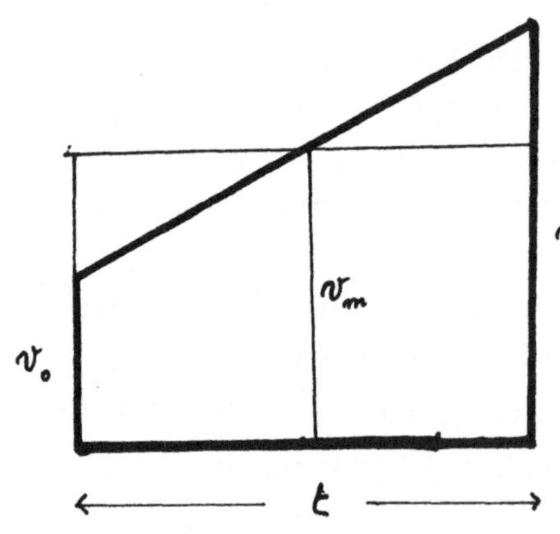

Aus dieser Figur liest man ab, dass der durchlaufene Weg durch $v_m t$ gegeben ist, wobei v_m die mittlere Geschwindigkeit bedeutet:

$$v_m = \frac{v_0 + v_1}{2}$$

Ist $v_o = o$ und die Beschleunigung konstant, gleich a, so erhält man das berühmte Ergebnis $1 = \frac{a}{2} t^2$. Diese Formel haben auch die Oxforder hergeleitet, indem sie eine arithmetische Reihe summierten.

Man könnte denken, es habe nun nicht mehr viel gefehlt, und diese Gelehrten wären über 200 Jahre vor Galilei zum Fallgesetz gelangt. Eine solche Deutung ist jedoch ganz irreführend. Das Interesse ist durchaus auf Allgemeines gerichtet, und ein so spezieller Vorgang wie der freie Fall kommt garnicht in Betracht. Es ist auch nie ganz klar, ob die Ausdehnung, auf welche sich die velocitatio bezieht, notwendig die Zeit ist; es könnte auch der Ort sein. Die Begriffe sind also, trotz aller scholastischen Unterscheidungen, unklar. Die Aufmerksamkeit ist einerseits gerichtet auf rein formale Zusammenhänge, die unabhängig von jedem Inhalt gelten, und anderseits auf die Figuration, die symbolisch den geheimen Zusammenhang aller Dinge andeutet und ihn erklärt.

Diese Theorien hatten aber grossen Erfolg, und die "Intensio et remissio formarum" war lange Zeit ein Lehrgegenstand an den Universitäten.

Auch mit der Theorie des Wurfes hat man sich beschäftigt. Die Erklärung des Aristoteles, dass die nachdrängende Luft die Bewegung aufrecht erhält, ist schon in alexandrischer Zeit kritisiert worden und diese Kritik hat weitergewirkt. Es wurde nämlich eingewendet, dass ein Pfeil, der an beiden Enden zugespitzt ist, nicht wohl durch die Luft vorwärts getrieben werden könne.
Daraus haben einige Gelehrte gefolgert, dass im geworfenen Körper eine occulte Qualität verborgen sein müsse, welche die Bewegung aufrecht hält. Die erfolgreichste und interessanteste derartige Theorie stammt von Johannes Buridan. Dieser wurde um 1300 geboren, war 1328 Rektor der Universität Paris*, und hat um 1340 eine Pfründe als Kanonikus in

---

* Der Rektor war damals in Paris immer ein Magister der Artistenfakultät und wurde von dieser gewählt. Wer einen höheren Grad erwerben wollte - in Medizin, Recht, Theologie - hatte zunächst an der Artistenfakultät zu studieren, die deshalb als "untere Fakultät" galt. Hatte er dort den Magistergrad erlangt, so war er verpflichtet, mindestens zwei Jahre an der unteren Fakultät zu unterrichten. Vergl. Gordon Leff, Paris and Oxford Universities in the Thirteenth and Fourteenth Centuries, New York 1968.

Arras erlangt. Er war ein sehr berühmter Philosoph, wenn auch die
Geschichte vom Esel, der zwischen zwei Heuhaufen verhungert (Buridan's Esel) in seinen Werken nicht vorkommt. Seine Theorie hat er in
einem Kommentar zur Physik des Aristoteles dargestellt. Die aristotelische Erklärung der gewaltsamen Wurfbewegung lehnt er ab; denn
ein Kreisel dreht sich lange Zeit um seine Achse, ohne dabei Luft
zu verdrängen. Also muss beim Wurf dem Körper ein "Impetus", ein An-
trieb, mitgeteilt werden, und dieser ist eine innere Kraft, welche
die Bewegung aufrecht hält.Der Impetus ist desto grösser, je grösser
die Geschwindigkeit. Da ferner alle "Formen" an der Materie haften
und in ihr ausgebreitet sind, so wird auch der Impetus desto grösser
sein, je mehr Materie vorhanden ist. Die Geschwindigkeit entspricht
also der Intensität, die Materie der Extensität des Impetus. Er wird,
während der Bewegung, durch die Reibung und die Schwerkraft zerstört:
ein Stein fällt schliesslich zur Erde. Die Himmelssphären besitzen
ebenfalls einen Impetus. Da sie aber der Schwere nicht unterworfen
sind und sich ohne Reibung drehen, so dauert ihre Bewegung ewig.
Es wurde freilich auch diskutiert, ob nicht der Impetus allein schon
dadurch verbraucht werde, dass er die Bewegung erzeugt. Buridan selber
war nicht dieser Ansicht. So ist sein "Impetus" ein Vorläufer unseres
"Impulses". Andererseits ist er aber auch ein ganz scholastischer Begriff, eine "substanzielle Form", genau so wie "Wärme", "Tugend" und
vieles andere. Buridan vergleicht ihn mit der Magnetisierung des
Eisens, denn er stellt eine innere Veränderung des bewegten Körpers
dar, eine "occulte Qualität". Im 17. Jh. wurde es klar, dass durch
Einführen derartiger Qualitäten nichts gewonnen wird, und man hat darum "die substanziellen Formen und occulten Qualitäten aufgegeben",
wie Newton im Vorwort seiner "Principia" (1687) sagt.

Dass der freie Fall eine beschleunigte Bewegung ist, das war
bekannt. Der Impetus konnte dazu dienen diese Beschleunigung zu erklären. Die Schwerkraft erteilt nämlich dem Körper, während er fällt,
dauernd neuen Impetus, der dadurch immer grösser wird. Die Vorstellung
ist zunächst qualitativ und "anschaulich". Mit den kinematisch-quan-
titativen Theorien der Oxforder Schule hat man sie zunächst nicht verbunden. Sie ist aber ein Fortschritt gegenüber der älteren Vorstellung,
dass die Beschleunigung daher kommt, dass sich der Stein immer mehr
seinem Ziel, seinem "natürlichen Ort" nähert "gleich dem Pilger, der
seine Schritte beschleunigt,wenn er sich der Heimat naht".

Diese ältere Erklärung ist final: die Zielstrebigkeit der Bewegung
ist auch Ursache der Beschleunigung. In der Impetustheorie dagegen
ist vom Ziel der Bewegung nicht mehr die Rede. Die Schwere wirkt
dort, wo sich der Stein befindet und erteilt ihm neuen Impetus. In
diesem Sinne ist die Erklärung kausal. Dadurch wird die Bewegung
nicht mehr als Prozess gesehen, der zielstrebig verläuft und es erscheint etwas, was wir heute "Zustandsgrösse" nennen würden. Freilich
sollte es noch 200 Jahre dauern, bis all die Motive physikalischer
und mathematischer Art, die um 1400 in Erscheinung traten, in eine
geschlossene Lehre von der Bewegung zusammengefasst werden konnten.

VI. Von Copernicus zu Kepler

Das Zeitalter der grossen Seefahrten und Entdeckungen, der
Uebergang vom Mittelalter zur Neuzeit, leitet gewaltige geistige und
soziale Umwälzungen ein. Jakob Burckhardt's "Kultur der Renaissance in
Italien" und Huyzinga's "Herbst des Mittelalters" geben uns eine Vorstellung dieser bewegten Zeit. Damals ist auch die neue Wissenschaft
entstanden. Die Führer des neuen Denkens fühlten sich im Gegensatz zur
aristotelisch-scholastischen Tradition. Plato und Archimedes galten
ihnen als leuchtende Vorbilder, das Mittelalter als barbarische Zeit,
die Scholastik als unnütze Spitzfindigkeit. Sie waren sich oft gar
nicht bewusst, wieviel sie gerade dem Mittelalter und der Scholastik
verdankten. Die vergangenen Generationen hatten ja,wie wir gesehen
haben, bedeutendes in der theoretischen Mechanik geleistet. Dazu kommt
nun, dass im späteren Mittelalter die handwerklichen Künste, und damit auch die technische Mechanik, einen sehr hohen Stand erreicht hatten. Das ist eine wesentliche Voraussetzung der nun einsetzenden Entwicklung. Für die Physik ist eine der wichtigsten mechanischen Er-
findungen die Räderuhr. Die ersten eisernen Turmuhren gab es schon im
13. Jh. Sie wurden durch Gewichte angetrieben und eine Hemmung regelte
ihren Gang. Die Hemmung war aber keine Ankerhemmung. Sie war auch
nicht mit einem Pendel kombiniert, welches durch seine Eigenfrequenz
die Zeit misst. Dank Stoss und Gegenstoss drehte sich ein Balancier
erst nach rechts, dann nach links, und seine Geschwindigkeit war durch
sein Trägheitsmoment bestimmt. Die Ganggenauigkeit dieser Uhren war
darum recht mässig. Um 1500 hat Peter **Henlein** in Nürnberg Taschenuhren
fabriziert: die Nürnberger Eier. Auch ihr Gang wurde ähnlich, wie derjenige der Turmuhren reguliert und diese Taschenuhren blieben daher
häufig stehen. Und doch ist es eine Kunst, eine Uhr zu bauen, die überhaupt läuft. **Das setzt eine** Präzisionsmechanik voraus: die Achsen müssen
reibungsarm und rund laufen, die Räder, ohne zu klemmen, genau ineinander greifen. Erwachsen ist diese Feinmechanik aus der Goldschmiede-
kunst.

Die Uhr ist eine Maschine, die eine künstliche, physikalische
Zeit hervor**bringt**, die vom Lauf der Sterne unabhängig ist. Sie ermöglicht es, das Leben nach der Zeit zu organisieren. Wie dies vor

Erfindung der Uhr geschah, können wir uns kaum vorstellen. Dieser Erfindung muss eine tiefe Wandlung im Zeitbewusstsein gefolgt sein.

So wie damals die Zeit neu entdeckt wurde, ist auch ein neues
Raumerlebnis entstanden. Die Zentralperspektive hat zwar vor allem die
Maler beschäftigt . Aber Kunst und Wissenschaft waren damals nicht ge-
trennt. Leonardo da Vinci fühlte sich mit Recht als Forscher, der neue
Möglichkeiten entdeckte die Welt zu sehen, darzustellen, zu bewältigen. Ein Bildhauer, wie Donatello musste auch die technische Seite
seines Berufes, den Erzguss, beherrschen. In der Biographie des **Benve-
nuto** Cellini können wir lesen, wie stolz ein sólcher Mann auf sein
technisches Können war. Der Architekt war sein eigener Bauingenieur,
der seine kühnen Pläne nur verwirklichen konnte, wenn es ihm gelang,
die nötigen technischen Hilfsmittel zu erfinden. Die Florentiner Dom-
kuppel wie der hohe Turm in Strassburg sind auch technisch Leistungen
ersten Ranges und sind als solche bewundert worden. Ich nenne bewusst diese beiden Bauwerke miteinander, denn auch der Dom in Florenz
ist ein gothisches Bauwerk, wie Strassburg, und die Kuppel technisch
eine gothische Wölbung. Die Baumeister jener Zeit bauten auch Befesti-
gungswerke. Dies geschah, nach der Erfindung der Kanonen, aufgrund
wissenschaftlicher Prinzipien, und man belagerte und beschoss die
Festungen ebenso wissenschaftlich. Um solche Bauten zu entwerfen, um
die Kanonen zu richten, und auch für die Entdeckungsfahrten zu Land
und See, brauchte man Vermessungsinstrumente. Diese wurden von den
Goldschmieden und Graveuren fabriziert. In Deutschland waren Nürnberg und Augsburg Zentren dieser Fabrikation,die weltberühmt war.

In Nürnberg wirkte auch Albrecht Dürer, der nicht nur als Künstler, sondern auch als Mathematiker hohes Ansehen genoss. Er, der
grösste Meister des Kupferstichs, beherrschte diesen nicht nur künst-
lerisch sondern auch technisch wie kein zweiter. Die Gravierkunst
liegt nun auch dem Buchdruck zugrunde. Die Erfindung ist nicht einfach, mit beweglichen Lettern zu drucken. Das hätte keinen Sinn, wenn
jeder einzelne Buchstabe z.B. aus Holz geschnitzt werden müsste. Die
Typen müssen vielmehr in beliebiger Anzahl und mit hoher Genauigkeit
reproduziert werden können, damit man die Seiten setzen kann, um sie

---

* In ländlichen Dialekten heisst die Taschenuhr "Zyt", d.i.
  sie ist die Zeit.

alsdann hunderte von Malen abzudrucken. Also muss ein Graveur Matrizen
schneiden, die mit Letternmetall abgegossen werden. Dieses Metall soll
leicht schmelzen und muss nach Erkalten sehr hart werden, da sich
sonst der Satz nach wenigen Abzügen abnützt. Ohne beträchtliches hand-
werkliches Können und ohne metallurgische Kenntnisse ist das alles
unmöglich.

Die Buchdruckerkunst ist das erste, und vielleicht folgenreichste
Verfahren technischer Massenproduktion. Durch sie konnte der Politi-
ker, der Reformator, der Gelehrte in die Weite wirken. Durch sie erst
wurden die Werke des Altertums weiten Kreisen zugänglich: die Elemente
des Euklid sind eines der ersten gedruckten Bücher (1482) und sind,
neben der Bibel, das bis in die neueste Zeit am meisten gedruckte
Buch überhaupt. 1543* ist das Werk des Kopernikus "De revolutionibus
orbium coelestium", d.h. "über die Umdrehungen der Himmelskreise",
(nicht "Himmelskörper", wie oft und irreführend übersetzt wird) im
Druck erschienen. Kopernikus hat seine Ideen schon um 1515 in einer
kleinen Schrift zusammengefasst, die den Gelehrten weit herum bekannt
wurde. Auch Luther hörte davon, und hielt den Kopernikus für einen
Narren. Was seine Lehre war, glaubt jeder zu wissen. Er hat das heliozentrische Weltsystem verkündet, angeregt oder mindestens bestärkt
durch die Nachricht aus dem Altertum: schon Aristarch von Samos habe
um 280 v. Chr. diese Lehre vertreten. Das Erscheinen seines Buches
war ein wissenschaftliches Ereignis, das die grössten Folgen haben
sollte. Um das zu verstehen, müssen wir genauer zusehen, was die beiden Systeme, das geozentrische und das heliozentrische waren.

Das geozentrische System ist dasjenige des Ptolemaeus, der um
140 n.Chr. in Alexandrien gelebt hat. Er war ein hochbedeutender
Astronom, Astrologe und Musiktheoretiker. Astronomie, Astrologie und
Musik gehören seit Platos Zeiten zusammen, und so sollte es bis zur
Zeit Keplers bleiben. Die Sterne sind ja göttliche Mächte. Ihre
himmlische Bewegung bestimmt das irdische Geschehen. Darum waren

---

* Im gleichen Jahre ist in Basel die "Fabrica Humani Corporis" des
  Vesal erschienen, ein prachtvolles Werk, das der Anatomie und Medizin neue Wege gewiesen hat. Auch die Werke des Archimedes sind im
  gleichen Jahr in Venedig zum ersten Male gedruckt worden. Der Herausgeber war Tartaglia.

astronomisches Interesse und astrologischer Glaube nicht zu trennen.
Im Sinn der Platonischen Tradition erklärt auch Ptolemaeus die Planetenbewegung durch zusammengesetzte Kreisbewegungen.

Man kannte 7 Planeten: Mond (☽), Merkur (☿), Venus (♀),
Sonne (☉), Mars (♂), Jupiter (♃) und Saturn (♄).
Diese Reihenfolge ist Babylonisch - bei Plato folgt auf den Mond die
Sonne. Sie entspricht den Planetengeschwindigkeiten relativ zum Fixsternhimmel. Es galt auch als befriedigend, dass bei dieser Reihenfolge die Sonne in Mitten der anderen Planeten steht.*Sie teilt die
Planeten in "obere" und "untere". Alle Planeten laufen auf Ebenen,
die alle durch die Erde gehen, und die leicht gegeneinander geneigt
sind.

Die Sonne läuft auf einem Kreis, der zur Erde **leicht exzentrisch ist**.
Die Bewegung eines Planeten wie ♀ oder ♃ wird wie folgt beschrieben:

Um die Erde denke man sich einen exzentrischen Kreis. Erde und
Kreiszentrum bestimmen eine Achse, die den Kreis in zwei Punkten,
den Apsiden, schneidet: diese heissen Perigaeum und Apogaeum. Auf der
Achse liegt, symmetrisch zur Erde, ein weiterer Punkt: der Aequant.
Von diesem geht ein Fahrstrahl aus, der sich gleichförmig um den Aequan-
ten dreht und der den Kreis in einem Punkt, dem Deferenten, schneidet.
Der Deferent dreht sich daher ungleichförmig um den Kreis, und zwar
ist seine Geschwindigkeit in den Apsiden reziprok zum Erdabstand.

Um den Deferenten denke man sich einen weiteren Kreis, der sich
gleichförmig dreht:**der Excenter**. Dieser trägt den Planeten.(Fig.S.38)

Die Konstruktion stellt die Bewegung des Planeten, so wie sie
auf die Fixsternkugel projiziert erscheint, mit grosser Genauigkeit

---

* Man zählte die Planeten von oben nach unten, von ♄ bis ☽ . Jeder
  Stunde war, der Reihe nach, ein Planet zugeordnet: d.i. seine Plane-
  tenstunde. Der Planet, dessen Stunde mit der ersten Stunde des Tages
  zusammenfiel, gab diesem seinen Namen. Fängt man mit ☉ als Nullpunkt
  an, und zählt zyklisch 24 Stunden weiter, so kommt man auf ☽ ,u.s.w.
  So ergeben sich die Namen der Wochentage: Sonntag = ☉ , Montag = ☽ ,
  Dienstag = ♂, Mittwoch = ☿ , Donnerstag = ♃ , Freitag = ♀ und
  Samstag = ♄ . Das zeigt auch, wie man die germanischen Götter mit
  denen der Römer identifizierte (vergl. englisch, französisch, ita-
  lienisch.)

dar. Die Abweichungen innerhalb einiger Planetenperioden betragen
weniger als 10', und genauer konnte man im Altertum nicht beobachten.
(die Durchmesser von ☉ und ☽ betragen 30')
Da es nur auf die Richtungen ankommt, unter denen die Planeten von
der Erde aus gesehen werden, so sind nur die Verhältnisse der beiden
Kreisradien, die zu einem Planeten gehören von Bedeutung. Radien,
die verschiedenen Planeten angehören, können willkürlich gewählt
werden.

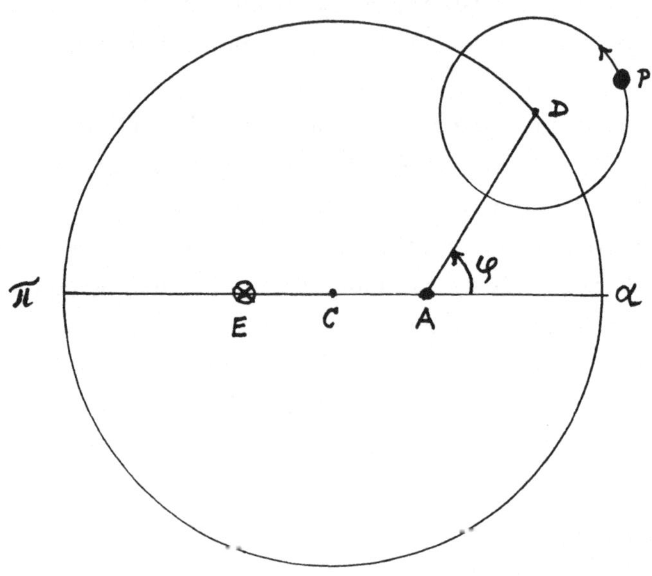

E ist die Erde, A der Aequant und C das Zentrum des Deferentkreises.
π , das Perigaeum, und α , das Apogaeum, sind die Apsiden.
D ist der Deferent. Auf einem Epizykel dreht sich der Planet P.

Es ist EC = AC. Der Winkel φ wächst proportional zur Zeit.
Wenn   πC = R, DP = r, so ist R/r bestimmt, R bleibt willkürlich.
Heliozentrisch ist für einen äusseren Planeten der Kreis R seine Bahn
und der Kreis r entspricht der Erdbahn. Für einen inneren Planeten ist
der Kreis r seine Bahn um die Sonne und der Kreis R entspricht der
Erdbahn.

Die Vorstellung von den Planetensphären lebte aber immer noch
weiter. Darum gab man, der Reihe nach, jedem Planeten seine Sphäre,
die dem Deferentkreis entspricht, und der Sphärenabstand wurde so

gross gewählt, dass die Excenter dazwischen Platz haben. Dadurch erhält das Planetensystem bestimmte Proportionen, die man freilich nicht sehr ernst nahm. In erster Linie diente die Konstruktion dazu, die scheinbaren Oerter der Planeten vorherzusagen: "die Erscheinungen zu retten".

In diesem System unterscheiden sich nun die inneren von den äusseren Planeten in charakteristischer Weise:

Die Fahrstrahlen vom Aequanten zum Deferenten sind nämlich für ☿ und ♀ parallel und zeigen zur Sonne. Für die äusseren Planeten ♂ , ♃ , ♄ , dreht sich aber der Excenter gleich schnell, wie die Sonne um die Erde läuft. Das ist merkwürdig, doch hat man daraus keine Folgerungen gezogen.

Das hat erst Kopernikus getan: er deutet die Excenterbewegung der oberen Planeten als parallaktische Erscheinung, die von der Erdbewegung um die feste Sonne herrührt:der Excenter ist die Projektion der Erdbewegung. Die Bewegung auf dem Deferenten aber ist die "wirkliche" Bewegung des Planeten um die Sonne. Für die unteren Planeten ☿ und ♀ ist es gerade umgekehrt: die Bewegung des Deferenten entspricht der Erdbewegung und die Drehung des Excenters ist die Bewegung des Planeten um die Sonne (N.B. die Bahn des Venus ist beinahe ein Kreis, die numerische Excentrizität ist nur 0,01. Die Bewegung des Merkur ist schwierig genau zu beobachten. Darum hatte Ptolemaeus keine Aequanten für die Excenter nötig.)Damit sind die oben erwähnten Merkwürdigkeiten erklärt.Die neue Theorie liefert aber noch mehr. Da für Merkur und Venus die Deferentkreise, für die oberen Planeten aber die Excenter zur Erdbahn werden, und da für jeden Planeten das Radiusverhältnis der beiden Kreise festgelegt ist, ergibt sich jetzt für jeden Planeten sein Abstand von der Sonne in Einheiten des Erdbahnradius: man erhält also ein wohlbestimmtes, geometrisches Modell des Planetensystems. Die Kreise, die durch ihre Drehung die Planeten um die Sonne führen ("revolutiones orbium coelestium") sind ihrer Grösse und Lage nach durch einen einzigen - die Erdbahn - bestimmt. Erst jetzt sind also die verschiedenen Planetenbahnen in räumliche Beziehung gebracht, während bei Ptolemaeus die Planetenbahnen untereinander nicht verglichen werden können: die relativen Abstände der Planeten bleiben willkürlich. Erst jetzt kann das Planetensystem als solches anschaulich vorgestellt werden.

Damit wird der Weltraum zu einem wirklichen Raum, in dem es

empirisch feststellbare Raumverhältnisse, Proportionen, gibt. Völlig
heliozentrisch ist freilich Kopernikus nicht gewesen, denn er hat die
Bahnebenen der Planeten alle durch's Zentrum der Erdbahn, nicht durch
die Sonne gelegt, die auch bei ihm, wie bei Ptolemaeus excentrisch
steht. Erst Kepler bezog die Bahnen konsequent auf die Sonne. Ihm
wurden seine Entdeckungen möglich, weil ihm die wunderbar genauen
Beobachtungen Tycho Brahes zur Verfügung. standen.

Tycho war kein Kopernikaner. Er hat aber die Erkenntnisse inso-
weit anerkannt, als er die Relativbewegung ganz wie dieser auffasste.
Nur ruht bei ihm die Erde und die Sonne läuft, begleitet von Merkur
und Venus um sie herum.

Denn die Widerstände gegen das Kopernikanische System waren
gross und berechtigt. Wenn nämlich die Erde um die Sonne läuft, so
müssten die Fixsterne eine parallaktische Bewegung zeigen. Da dies
nicht zutrifft, müssen sie in ungeheuerlicher Entfernung stehen. Daraus würde folgen, dass sie riesig gross sind; denn man wusste nicht,
dass die scheinbaren Grössen der Sterne nichts mit ihrer Ausdehnung
zu tun hat, die das stärkste Fernrohr nicht auflöst. Es gab ja auch
noch keine Fernrohre. Ferner glaubte man, dass dann, wenn die Erde in
wirbelnder Geschwindigkeit um die Sonne kreist, alles von ihr wegge-
schleudert würde. Schliesslich: die Sterne sind himmlische Körper,
die sich wohl sehr schnell bewegen können, die Erde aber ist eine
träge Masse, der dies nicht möglich ist. Diese Gegenargumente sind,
im Lichte alltäglicher Erfahrung, durchaus vernünftig. Sie konnten
erst entkräftet werden, nachdem eine neue Mechanik entwickelt war,
die in manchem den Erfahrungen des Alltagslebens - oder was man eben
dafür hielt - gar nicht entspricht. Auch Tycho hat sich solchen Argu-
menten angeschlossen und blieb Geozentriker.

Und dennoch gehört er in unseren Zusammenhang. Er hatte die Idee,
dass die astronomischen Fragen nur beantwortet werden könnten, wenn
zunächst zuverlässige Beobachtungen der Planeten zur Verfügung stün-
den. Denn dass die bisherigen Beobachtungen unzureichend waren, das
war bekannt. So wurde er zum ersten, systematischen Beobachter der
neuen Zeit.
(Ueber Tycho siehe: J.L.E. Dreyer, T.B. Das Buch ist 1890 erschienen
und als Dover-Book 1963 neu gedruckt)
Tycho hat, vom Dänischen König unterstützt, und unter Aufop-
ferung seines eigenen Vermögens auf der Insel Hven bei Kopenhagen

1577 ein Observatorium, die "Uranienburg", gebaut. Das war eine symmetrisch-barocke Anlage, mit den besten Instrumenten ausgestattet, die es damals gab. Seine Teilkreise hat er in Augsburg machen lassen, und er hat ein parallaxenfreies Visier erfunden. Damit gelang es ihm, die Beobachtungsgenauigkeit an die Grenze dessen zu treiben, was mit blossem Auge erreichbar ist. So konnte er absolute Sternörter mit einem Fehler von ca. 2' bestimmen. Während 20 Jahren haben er und seine Gehilfen ein riesiges Material zusammengetragen.

Er war weltberühmt, aber in seiner engen Umgebung unbeliebt, denn er hatte einen unangenehmen, streitsüchtigen Charakter und zudem konnten seine Familie und seine adeligen Standesgenossen durchaus nicht begreifen, was ihn zu seiner einsamen und kostspieligen Liebhaberei trieb, die als eines Edelmanns unwürdig galt. So musste er, als sein König und Protektor starb, Hven verlassen und die Uranienburg ist zerfallen. Mit seinen Beobachtungsergebnissen ist er an den Kaiserlichen Hof in Prag gelangt, zu jenem Rudolf, dessen Andenken von Tragik und von Geheimnissen umwittert ist. Und hier hat er Kepler als Mitarbeiter zu sich einladen können.

Anders als Tycho war Kepler ein begeisterter Anhänger der Kopernikanischen Systems. Und hier ist wohl der Ort, etwas zur Deutung dieser Begeisterung zu sagen, die wir auch bei Giordano Bruno, bei Galilei finden. Alle diese Männer haben das neue Weltsystem als Befreiung empfunden. Man fühlte sich befreit von jenen eingebildeten Sphären, welche die Erde gleich Zwiebelschalen umgaben, man war Bürger einer neuen, grösseren und schöneren Welt geworden. War es nicht schöner und der Weisheit des Schöpfers angemessener, wenn die Sonne, die leuchtende, göttliche im Zentrum der Welt stand? Für Kepler wurde damit die Welt zum Symbol der dreieinigen Gottheit: die Sonne ist der Vater, der Fixsternhimmel der Sohn und die Strahlen, die Zentrum und Himmelskugel verbinden, sind der Geist, der die Welt durchwaltet und von Vater und Sohn ausgeht. In diesem neuen Kosmos gelten überall die vom Schöpfer herrührenden, mathematischen Gesetze; denn nach mathematischen Prinzipien hat er seine Welt geschaffen. In ihr ist auch die Erde zum Gestirn erhoben. Damit ist sie nicht mehr der Ort sinnlosen Zufalls, oder gar der Sitz des Teufels. Gleich anderen Gestirnen nimmt sie Teil an den himmlischen Gesetzen. So hat man die Kopernikanische Wende erlebt. Sie zu deuten als Erniedrigung des Menschen, der nun nicht mehr die Mitte der Welt ausmacht, ist unhistorisch.

Kepler's Jugendtraum war es, die Baugesetze des Weltsystems zu
entdecken. Und nun standen ihm Beobachtungen zur Verfügung, die ihm
zu diesem Ziel verhelfen sollten.

Die Schwierigkeit der Aufgabe wird einem nur dann klar, wenn
man überlegt: die Orte der Planeten im Raum hatte Tycho nicht beobachtet, sondern nur ihre Oerter auf der Himmelskugel. Ohne theoretische Voraussetzungen ist es darum unmöglich, das Planetensystem
räumlich zu rekonstruieren. Eine erste Voraussetzung ist hierbei, dass
die Planetenbewegung streng periodisch sei, dass der Planet nach
einem Umlauf an den gleichen Ort zurückkehrt. Dass dies mit hoher
Näherung zutrifft, ist ein grosses Glück. Ich kann mir kaum vorstellen, wie man zur Himmelsmechanik und damit zur modernen Mechanik überhaupt gekommen wäre, wenn die Bahnen der Planeten nicht praktisch
raumfest wären. Aber auch so noch war die Aufgabe unerhört schwierig.

Kepler stellte zunächst fest, dass alle Bahnebenen durch die
Sonne, nicht durchs Zentrum der Erdbahn gehen und das kann man füg-
lich als das "nullte" Keplergesetz bezeichnen. Er unternahm es nun,
die Bahn des Mars von der Erdbahn aus zu triangulieren, wobei er diese
als Kreis ansetzte. Auch die Bahn des Mars galt ihm als Kreis, dessen
Excentrizität er möglichst genau bestimmte und ebenso die Lage des
Aequanten, den er nicht als symmetrisch zur Sonne annahm. Denn zu-
nächst hielt Kepler an der Konstruktion des Ptolemaeus fest, der auch
Kopernikus gefolgt war. Nur ist ein Excenter überflüssig, der Planet
liegt im Deferenten. Dabei fand er aber, dass, wie immer er seine
Parameter wählte, Abweichungen der gerechneten Oerter von Tychos
Beobachtungen auftreten. Diese betrugen zwar nur 8', wären also im
Altertum mit allen Messungen verträglich gewesen, nicht aber mit denen
Tychos! Am besten stimmte, alles in allem, die Theorie, dass Sonne
und Aequant gleichweit vom Erdbahnzentrum entfernt sind, was der ana-
logen Annahme des Ptolemaeus entspricht, der diese offenbar nicht nur
der Symmetrie zuliebe gemacht hatte. Im übrigen war Kepler mit seinen
Bemühungen gescheitert, die ihn eine ungeheure Rechenarbeit gekostet
hatten. Wenn er weiterkommen wollte, so konnte das nur geschehen, wenn
er sich auf neue theoretische Erwägungen stützte. Und hier kam ihm
seine heliozentrische Ueberzeugung zu Hilfe: Wenn die Erde ein Himmelskörper war, dann waren auch die Himmelskörper ähnlich der Erde.
Also waren sie träge, gleich einem irdischen Körper und bewegten sich
nicht von selber. Somit war, im Sinne der Aristotelischen Mechanik eine

Kraft nötig, die sie in ihrer Bahn um die Sonne trieb. Diese Kraft
musste von der Sonne ausgehen; denn diese ist das Zentrum der Welt,
die Quelle des Lichtes und aller Kräfte, die das Planetensystem be-
leben. Nun folgt aus der Konstruktion des Ptolemaeus, dass die Planetengeschwindigkeiten in den Apsiden reziprok zum Sonnenabstand sind.
Darum vermutete Kepler, es sei allgemein $v \sim 1/r$ und somit ist auch die
Kraft $\sim 1/r$, wo r der Sonnenstrahl bedeutet. Kepler war es bekannt, dass
die Lichtintensität quadratisch mit dem Abstand von der Lichtquelle abnimmt. Dass die Kraft, die von der Sonne ausgeht nur linear mit dem
Abstand abnimmt, schien ihm plausibel: denn das Licht breitet sich im
Raum aus, die Bewegungskraft der Sonne aber wirkt in der Bahnebene!

Kepler stellte sich nun die Aufgabe, mit Hilfe des Bewegungsgesetzes $v \sim 1/r$ den Ort des Planeten als Funktion der Zeit zu finden. Hierzu ist eine Integration notwendig. Eine eigentliche Integralrechnung gab es damals noch nicht. So musste er auf seine eigene Weise
eine Antwort finden. Er schloss wie folgt: Wenn $v \sim 1/r$, so verhalten
sich die Zeitelemente, in denen die Wegelemente durchlaufen werden,
wie die Radien. Die Zeit, in denen ein ganzer Weg durchlaufen wird,
ist daher gleich der Summe aller Radien, und das ist die vom Radius
überstrichene Fläche. Die Schlussweise ist, wir müssen sagen: zum
Glück!, unrichtig, aber das Ergebnis ist richtig: Kepler hatte mit
seinem Bewegungsgesetz den <u>Flächensatz</u> entdeckt.

Unter der Annahme, die Marsbahn sei ein Kreis, berechnete er nun
aus dem Flächensatz den Ort des Planeten: er löste numerisch und mit
grosser Mühe die "Kepler'sche Gleichung"

$$2 \pi t/T = \phi - e \sin \phi$$

Hiebei ist ϕ der dem Kreisbogen entsprechende Winkel, der vom Perikel
aus gemessen wird, und e die numerische Excentrizität der Sonne. Kepler
fand nun, dass die Oerter nicht nur in den Apsiden richtig heraus=
kamen - was selbstverständlich -, sondern auch in den Quadraturen, wo
$\phi = \pm 90^{\circ}$. Dazwischen aber erhielt er systematisch Fehler. Diese
werden sogleich verständlich, wenn man die endgültige Lösung kennt.
Kepler kannte sie nicht, aber er hielt am Flächensatz fest, den er
mit Recht als einzig sichere Grundlage für weitere Schlüsse erkannte.
Eine solche Erkenntnis eines genialen Forschers wird nicht durch Gründe bewiesen, sie ist sein eigenes Geheimnis, das er auch selber nicht
enträtseln kann.

Betrachten wir nun zuerst, welcher Art die Fehler sind, die man erhält, wenn man den Flächensatz auf dem Kreis, nicht auf die Ellipse anwendet:

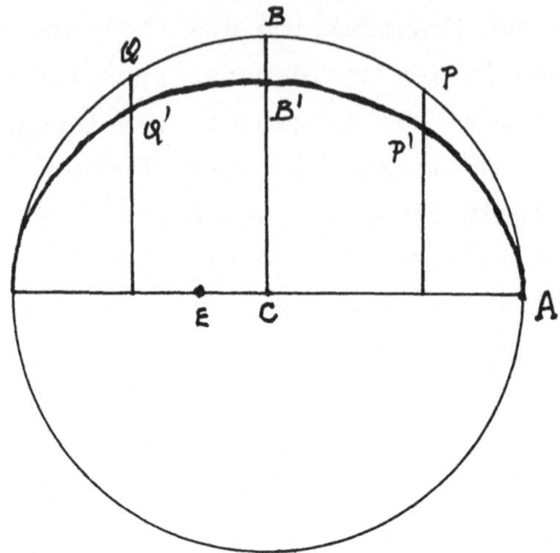

Sei A P B Q der Kreis, A' P' B' Q' die Ellipse mit dem Brennpunkt E. Auf Kreis und Ellipse laufe je ein Planet mit der gleichen Umlaufszeit und gemäss dem Flächensatz. Wenn der eine Planet von A nach P läuft, dann läuft der andere gleichzeitig von A nach P', denn sämtliche Flächen der Ellipse sind um den Faktor $\frac{C\,B'}{C\,B}$ kleiner als die Kreisflächen. Dasselbe gilt für B, B' und Q, Q'. Also gilt: ∢ ACP > ∢ ACP' aber ∢ACQ < ACQ'. In den Quadraturen sind aber die Winkel beide 90°.

Kepler hat nun in der Tat aus diesen hier erklärten Winkelabweichungen geschlossen, dass die Marsbahn überall innerhalb des Kreises verlaufe. Um die "mondförmige" Differenz von Kreis und Bahn rechnerisch behandeln zu können, wählte er als Bahn eine Ellipse. Denn dann konnte er die Theorie des Apollonius benützen: P und P' liegen auf einem Lot auf die Achse CA. Nun zeigt sich, dass er durch Wahl einer geeigneten Ellipse alle Oerter richtig erhalten konnte, bei der zudem die Sonne in den Brennpunkt E zu liegen kam: er hatte das 1. Keplergesetz entdeckt.
Kepler hat diesen Kampf um die Marsbahn jahrelang geführt. Sein Durchhalten ist höchster Bewunderung wert.
Die Entdeckung, dass die Planeten auf Ellipsen laufen, ist epochemachend. Sie befreite die Physiker von der Jahrtausende alten Idee, dass am Himmel der Kreis allein regiere.

Kepler zeigte: die Planeten sind Körper, wie die Erde. Also

sind sie träge - dieser Trägheitsbegriff geht auf ihn zurück - und
ihre Bewegung hat eine Ursache. Diese Ursache oder Kraft geht von der
Sonne aus und ist vom Sonnenabstand abhängig. Als Bewegungsgesetz fand
er den Flächensatz, ein mechanisches Prinzip. Da nun die Planeten
nicht von selber laufen, so müssen sie auch nicht auf einer Kreisbahn laufen. Mit diesen Erkenntnissen hat Kepler einen entscheidenden
Schritt getan: er hat den uralten Gegensatz von himmlischer zu irdi-
scher Mechanik überwunden, indem er die Himmelskörper, gleich irdischen Körpern, physikalischen Kräften unterwarf.
Ueber allen seinen Bemühungen um den Mars hat Kepler sein ursprüngli-
ches Ziel, das Baugesetz des Planetensystems aufzufinden, nie aus den
Augen verloren. So hat er sogleich das Bewegungsgesetz des Mars auf
alle Planeten verallgemeinert. Nun hatte er schon lange bevor er nach
Prag ging die Idee gehabt, Zahl und Abstände der Planeten mit Hilfe
einer Ineinanderschachtelung von 6 Kugeln und der fünf regulären
Körper zu erklären: das war das "Mysterium Cosmographicum", das er
1596 veröffentlicht hat, und das er 25 Jahre später, nach der Entdeckung aller drei Gesetze, nochmals herausgab. Vorher, 1619, erschien
sein Hauptwerk, die "Harmonices Mundi". Dieses zeugt von Kepler's
phantasievollem, pythagoreischem Geist. Hier versucht er den Geschwindigkeiten der Planeten in den Apsiden Zahlverhältnisse zuzuordnen, die
als Töne gedeutet werden, und dadurch alle Planeten in harmonische
Beziehung zueinander zu setzen. Das kommt uns archaisch vor, und doch
sind diese Spekulationen, die er mit interessanten geometrischen Betrachtungen verbindet von eigenartiger Schönheit. Sie zeugen davon,
was in der Innenwelt eines solchen Mannes vor sich geht, wenn er, wie
Plato sagte: "die Umläufe der Vernunft im Weltgebäude betrachtet".

    Bei diesen Bemühungen , die verschiedenen Planetenbahnen in Be-
ziehung zu sehen, hat er schliesslich auch das dritte Gesetz entdeckt:
die Umlaufszeiten verhalten sich wie die anderthalbfache Potenz der
grossen Achsen. Er schliesst mit einem Dankeshymnus an Gott sein Werk
ab, und preist in herrlicher Sprache, die an Augustin erinnert, den
Schöpfer:

    "Ich danke Dir, Du Schöpfer und Herr, der Du mich durch Deine
Schöpfung ergötzt hast; im Werk Deiner Hände fand ich meine Wonne.
Siehe, ich habe die Aufgabe, zu der ich berufen war, vollendet, die
alle Geisteskräfte, die Du mir gegeben hast, beanspruchte. Lobet den
Herrn, ihr Himmel, Mond, Sonne und Planeten. Und lobe auch Du, meine

Seele, deinen Herrn und Schöpfer. Denn aus Ihm, durch Ihn und in Ihm sind alle Dinge, sinnliche und übersinnliche, solche die uns gänzlich unbekannt, und solche von denen wir etwas wissen, die freilich nur den kleinsten Teil ausmachen. Lob, Ehre und Ruhm in Ewigkeit, Amen. Vollendet wurde dies Werk am 27. Mai 1618."

VII. "Die Renaissance des Archimedes".

Wir haben die astronomische Entwicklung betrachtet, die von
Kopernikus zu Kepler geführt hat. Daneben gibt es nun noch eine
zweite Entwicklungslinie,die man als die der irdischen Mechanik bezeichnen kann. Tartaglia hat 1543, im Erscheinungsjahr des Werkes
des Kopernikus, die Werke des Archimedes in lateinischer Uebersetzung
herausgegeben, sowie eine italienische des Euklid: die erste in einer
modernen Sprache. Diese Ausgaben haben auf die kommenden wissenschaftlichen Forschungen einen unermesslichen Einfluss ausgeübt, denn hier
fand man eine mathematisch-physikalische Methode von hoher Vollkommen-
heit, die alles, was man in der mittelalterlichen "Lehre vom Gewicht"
finden konnte, bei weitem übertraf. Die Forscher, die sich um das Verständnis des Euklid und Archimedes bemühten, waren keine Universitäts-
gelehrten, sondern meist Männer der Praxis, die wir heute als Inge-
nieure bezeichnen würden. Nicolo Tartaglia (1500 - 1557) selber war
ein Autodidakt, der aus sehr einfachen Verhältnissen stammte. Sein
eigentlicher Familienname ist nicht bekannt, denn Tartaglia ist ein
Uebername und bedeutet "der Stotterer". Wie die Franzosen 1512 Brescia
plünderten, ist er als Kind im Gemetzel zusammengehauen worden und
trug schweren Schaden davon, u.a. eine Sprachstörung. Er verdiente
sein Leben als Mathematik- und Rechenlehrer für Kaufleute und Techni-
ker, hatte viele Schüler und galt als mathematischer Virtuose. Er hatte
einen berühmten Streit mit Cardano* wegen dessen Publikation der "Car-
danischen Formeln" (kubische Gleichung). Seine ballistische Theorie
war sehr beliebt und verbreitet. Noch Onkel Toby im "Tristram Shandy"
von Sterne (1760) studiert den Tartaglia.

Obwohl nun Tartaglia die mittelalterliche Mechanik gut verstand
und den Archimedes studiert hatte, so konnte er dessen Methoden nicht

---

* Girolamo Cardano, Arzt, Mathematiker und Philosoph ist eine der
merkwürdigsten Gestalten im Italien des 16. Jh. Seine "Ars Magna"
ist ein **grundlegendes** Lehrbuch der Algebra (englische Uebersetzung
von T.R. Witmer, M.I.T. Press, Cambridge, Mass.1968). In seinen
Lebenserinnerungen tritt er uns als ein düsterer, aber phantasievoller Kenner der Welt und der Menschennatur entgegen.

wirklich anwenden. Dazu war sein Verständnis nicht tief genug. Die
"geometrische Methode" zeigt sich bei ihm vor allem in Aeusserlich-
keiten der Darstellung. Doch besass er richtige physikalische Einsichten. Tartaglia hat sich mit dem freien Fall und dem Wurf abge-
geben, letzterer war die Grundlage des Kanonen- bezw. Mörserschiessens.
Er erzählt in seiner "Nova Scienza" (Venedig 1537), wie er durch Gespräche mit Geschützmeistern, so mit dem Bombardier von Castel
Vecchio, einem "alten Mann gesegnet mit mancher Tugend", auf diese
Fragen gekommen sei. Er hat richtig vorausgesagt, dass bei einer Elevation von 45° die grösste Schussweite erreicht werde und hat mit
dieser Voraussage eine Wette gewonnen. Seine Vorstellungen sind rich-
tiger, als vieles was damals geglaubt wurde. Manche Geschützmeister
waren nämlich der Ansicht, dass die Kugel erst nach Verlassen des
Rohres ihre grösste Geschwindigkeit erreiche. Dies begründete man
z.B. damit, dass der Schuss der Kugel einen "Impetus" erteile, der
sich hernach in Bewegung umsetze. Daher komme die Kugel erst nach
einer gewissen Schussweite so richtig in Schwung. Weiter glaubte man,
dass solange der Impetus anhalte, die Kugel geradlinig laufe. Wenn er
ermattet, dann bewegt sie sich auf einem Kreisbogen, der zur natürlichen Fallbewegung überleitet, die senkrecht nach abwärts führt. Tartaglia konstruiert nun zwar die ballistische Kurve auch nach dieser
Regel, doch hielt er dies für eine Näherung. Denn von Anfang an ist
die Bahn, wenn auch nur schwach, gekrümmt. Ein horizontaler Schuss
senkt sich darum sofort unter den Horizont. Schiesst man senkrecht
nach oben, so fällt die Kugel zum Ausgangspunkt zurück. In diesen
beiden Grenzfällen ist also die Schussweite verschwindend klein. Also
muss bei einer mittleren Elevation eine maximale Weite eintreten. Dass
diese "Mitte" gerade 45° sein muss, folgt daraus nicht, aber das
schliesst Tartaglia ohne weiteres. Er betont ferner, dass die Geschwindigkeit während der "gewaltsamen" Bewegung, die dem geraden
Anfangsteil der Bahn entspricht, dauernd abnimmt, dass die Kugel also
nicht erst in Schwung komme und erst hernach wieder langsamer werde.

Seine Theorie ist eine Mischung der aristotelisch-scholastischen
Theorie mit guter, empirischer Beobachtung. Anders als bei Aristoteles schreibt er der Luft nun eine bremsende Rolle zu. Darum betrachtet Tartaglia vor allem hinreichend dichte und schwere Körper, er
nennt sie "gleichmässig schwer", für die man den Luftwiderstand ver-
nachlässigen kann. Das ist ein Fortschritt in der Betrachtungsweise,

weil das Interesse auf einen idealen Grenzfall gerichtet ist.

Beim freien Fall betont er, dass gleich dichte und schwere
Körper, nach einer bestimmten Fallstrecke, die gleiche Geschwindigkeit
erreichen, unabhängig von der absoluten Höhe, aus der sie herabfallen.
Sein Schüler Benedetti, und auch der Niederländer Stevin, haben
später erkannt, dass es hier auch nicht darauf ankommt, dass die Gewichte gleich sind. Galilei hat schliesslich gefunden, dass überhaupt
alle Körper gleich schnell fallen.

Verglichen mit mittelalterlichen Autoren schreibt Tartaglia
angenehm klar und verständlich. Indem er seine Begriffe sorgfältig
definiert und seine Voraussetzungen genau formuliert, folgt er klassischen Vorbildern und zeigt sich als guter Lehrer.

<u>Simon Stevin</u> (1548 - 1620) gehört zu einer Generation, welche
die Werke des Archimedes verarbeitet hatte und daraus Nutzen ziehen
konnte. Stevin ist ein Niederländer und stand als Ingenieur zeit-
weise im Dienste Wilhelms von Oranien. Er hat sich mit dem Bau von
Festungen beschäftigt, jener sternförmig-symmetrischen Anordnung von
Bastionen mit denen man Städte umgab, und deren Belagerung den Haupt-
inhalt barocker Kriegsführung bildete*. Er ist mit einem bedeutenden
Werk über Statik und Hydrostatik hervorgetreten, das holländisch
geschrieben ist, und sich inhaltlich stark an Archimedes anlehnt. Er
hat aber die Beweise des Archimedes stark vereinfacht. So verzichtet
er auf die Subtilitäten, die sich ergeben, wenn man irrationale Verhältnisse mit klassischer Strenge behandeln will. Bei seinen Schwer-
punktsbestimmungen, die ja auf Integrationen herauslaufen, bemerkt er,
dass dem klassischen Exhaustionsbeweis ein allgemeines Prinzip zugrunde
liegt. Dieses formuliert er als Lemma: Grössen, deren Unterschied
kleiner ist als jede vorgegebene Grösse, sind gleich. Darauf beruft
er sich bei späteren Beweisen, und kann diese sehr verkürzen. Indem
er in der Landessprache schreibt und auf die klassische Strenge verzichtet, wendet er sich an praktische Leute seinesgleichen. Diese
wollten das Vorgetragene verstehen und anwenden, sich aber nicht mit
abstrusen mathematischen Schwierigkeiten abgeben. Stevin war übrigens

---

* Onkel Toby hat den Stevin darum besonders hoch geschätzt.

überzeugt, dass die holländische Sprache eine Art Ursprache* sei,
schöner und kerniger als andere Sprachen, die aus ihr durch Korruption
entstanden seien. In seinem Buche gibt er einen sehr originellen und
schlagenden Beweis für das Gesetz des Gleichgewichtes auf der schiefen Ebene, auf den er mit Recht stolz war. Es gehört eine Figur dazu,
die er als Wappen auf das Titelblatt seines Werkes setzen liess. Darüber steht das Motto: "Ein Wunder, und es ist kein Wunder".

Wir sehen, eingerahmt in eine typische "Rollwerkkartousche"
ein Dreieck, um das eine Kette von Kugeln geschlungen ist. Das Dreieck stellt zwei verschiedene geneigte schiefe Ebenen gleicher Höhe
dar, über denen die Kette hängt. Nun schliesse man wie folgt: der
unten freihängende Teil der Kette ist für sich im Gleichgewicht. Also
müssen die beiden Kettenstücke auf den Ebenen sich das Gleichgewicht

---

* Die Idee der Ursprache beschäftigte damals überhaupt viele Gelehrte.
  Meist betrachtete man das Hebräisch als solche, denn Adam und Eva
  sprachen natürlich Hebräisch. Knorr von Rosenroth, der Herausgeber
  der "Kabbala Denudata (1677)" ist auf diese hebräische Philosophie
  gestossen, weil er zunächst hebräisch lernte, um damit taubstumme
  Kinder zu unterrichten. Denn dies konnte ja am besten geschehen,
  wenn man die Ursprache wählte, die dem Menschen angeboren ist.
  (Vergl. Kurt Salecker "Palaestra" (1931))

halten. Denn wäre das nicht so, so würde sich die Kette in rotierende Bewegung versetzen. Das ist absurd. Also verhalten sich die Gewichte, die sich das Gleichgewicht halten wie die Längen der schiefen Ebenen.

Das Prinzip, das hier zugrunde gelegt wird ist dies: kein System kann sich von selber in Bewegung setzen und diese dauernd aufrecht erhalten. Dies Prinzip darf man jedoch nicht als Energiesatz deuten, obwohl es die Unmöglichkeit eines Perpetuum Mobile impliziert. Denn Stevin, wie Kepler, denkt noch im Rahmen der aristotelischen Mechanik, wonach die Kraft eine Geschwindigkeit, nicht eine Beschleunigung erzeugt. In seinem Prinzip sind darum der Energiesatz und der Impulssatz, d.i. actio gleich reactio, noch ungetrennt. Solange man aber Statik betreibt, spielt es keine Rolle, wenn man über die Gesetze der Dynamik im Unklaren ist.

VIII. Galileo Galilei

Galilei stammt aus einer Florentiner Patrizierfamilie, die allerdings nicht mit Glücksgütern gesegnet war. Er wurde 1564 in Pisa geboren und ist 1642 in Florenz gestorben*. Sein Vater war ein bedeutender Musiker und Musiktheoretiker. Er hat seinem Sohn eine umfassende wissenschaftliche und künstlerische Bildung angedeihen lassen, in der Hoffnung, der Sohn werde sich zum Arzt ausbilden. Aber dieser entschied sich für die mathematischen Wissenschaften. Galilei war eine aussergewöhnlich eindrucksvolle Persönlichkeit. Er bezauberte die Menschen durch seine Phantasie, seinen Witz, durch die Gewalt seiner Rede. Ein Kenner der Literatur, war er selber ein Schriftsteller hohen Ranges und ein Meister der italienischen Sprache. Ob dieser Gaben haben ihn auch Leute bewundert, die sein wissenschaftliches Anliegen nicht verstehen konnten und ihn falsch verstanden. Seine an Voltaire erinnernde Kraft der Polemik, mit der er den Unverstand seiner Gegner blossstellte, hat ihm, indem er sich von seinem mächtigen Temperament hinreissen liess, gefährliche Feinde gemacht.

Schon als junger Mann wurde er Professor, erst in Pisa, dann in Padua. Diese Stellungen waren allerdings schlecht bezahlt und zudem hatte Galilei für seine Geschwister zu sorgen. So hat er Studenten als Pensionäre aufgenommen und Privatunterricht erteilt. Ferner betrieb er eine kleine Werkstatt, zusammen mit einem Mechaniker, in der er Zirkel, Vermessungsinstrumente und dergl. für den Handel fabrizierte. Hier hat er auch, angeregt durch Berichte aus den Niederlanden und Paris, sein Fernrohr konstruiert, mit dem er die Jupitermonde, die Phasen des Venus, und eine Andeutung des Saturnringes entdeckt hat. Diese Entdeckungen hat er 1610 im "Sidereus Nuncius" bekannt gemacht: so wurde er berühmt. Er erhielt einen Ruf als Akademiker nach Florenz. In Padua machte er auch seine Entdeckungen in der theoretischen Mechanik. Er hat sie aber erst über 20 Jahre später veröffent-

---

* 1564 ist Michelangelo gestorben, und Shakespeare wurde geboren. 1642, im Todesjahr Galilei's, kam Newton zur Welt.

licht. In Florenz hat er zunächst mit allen Mitteln versucht,die
Kurie zu überzeugen, dass ihre Bedenken gegen das Kopernikanische System unbegründet seien, und dass dieses der Wahrheit entspreche, der
sich auch die Kirche nicht verschliessen kann. Seine astronomischen
Entdeckungen schienen ihm für jedermann überzeugend: der Jupiter mit
seinen Monden ist ja ein Planetensystem im Kleinen. Zudem glaubte er
auch durch mechanische Erwägungen die Bewegung der Erde beweisen zu
können. Er reiste mehrmals nach Rom, um für seine Ideen zu werben und
um Verleumdungen entgegenzutreten. Schliesslich hat er 1630 seinen
"Dialogo" über das Ptolemaeische und Kopernikanische System publiziert.
Das führte zu dem berühmten Inquisitionsprozess, in dem man ihn ver-
urteilt hat. Man warf ihm vor, er habe ein ausdrückliches Verbot über-
treten, über die Kopernikanische Lehre zu schreiben.

Dieses Verbot, so behauptete das Inquisitionsgericht, sei ihm
nach einer Untersuchung anno 1616 auferlegt worden. Tatsächlich hatte
man damals etwas derartiges geplant, aber ein Verbot ist nie erlassen
worden. Man hatte sich damit begnügt festzustellen, die Kopernikanische Lehre sei falsch und wider die hl. Schrift; sie dürfe darum
nicht behauptet noch verteidigt werden. Das bedeutete aber nicht, dass
man sie nicht als Hypothese diskutieren dürfe. In diesem Sinne ist
der "Dialogo" verfasst, und hat darum auch, sowohl in Florenz wie in
Rom, die Zensur passiert: er wurde mit dem Imprimatur der zuständigen
Behörden gedruckt. Er ist überdies dem Papst dediziert, der die Wid-
mung angenommen hat.

Der wirkliche Grund der Verurteilung war eine komplizierte
Intrige der Jesuiten. Unter ihnen hatte Galilei Feinde. Ferner scheint
es, dass die Jesuiten beweisen wollten, dass ihre Konkurrenten, die
Dominikaner, die Zensur nachlässig ausübten. Die Intrige hatte Erfolg,
weil der Papst, als weltlicher, italienischer Fürst und gleichzeitiger
Oberherr der Kirche, in politische Schwierigkeiten geraten war. Im
Zusammenhang mit dem Dreissigjährigen Krieg hatte er sich, als italienischer Fürst, mit Frankreich gegen den Habsburgischen Kaiser ver-
bündet. Die Franzosen aber unterstützten die deutschen Protestanten
und waren mit Schweden im Bund. So geriet der Papst, Urban VIII.,
in eine zweideutige Lage, aber er erklärte, der Krieg sei ein poli-
tischer, kein Religionskrieg. Doch in Italien beklagte man sich:
"Mitten in der Feuersbrunst katholischer Kirchen und Klöster stehe
der Papst kalt und starr wie Eis. Der König von Schweden habe mehr

Eifer für das Luthertum als der Heilige Vater für den alleinselig-
machenden katholischen Glauben."

Der Papst war aber keineswegs starr wie Eis, er neigte in seiner
peinlichen Lage zu Wutanfällen. Und so gelang es den Jesuiten, ihn
gegen Galilei aufzustiften, der ihn hinters Licht geführt habe. Der
Papst beschloss ein Exempel zu statuieren, Galilei war das Opfer.Da-
bei ist man nicht davor zurückgeschreckt, die Rechtslage zu fälschen,
denn anders wäre eine Verurteilung unmöglich gewesen. Prozess und
Urteil galten weitherum als Skandal. Sie waren aber Zeichen einer
neuen, geistlichen Politik, die in der Folge niemandem Segen gebracht hat.

Galilei musste seine wissenschaftliche Ueberzeugung öffentlich
verleugnen, wurde in Haft genommen und erhielt ein Schreibverbot. Das
hat ihn aber nicht gehindert, nun seine "Discorsi" zu schreiben, die
nach Holland geschmuggelt wurden und dort 1638 bei Elzevir in Leyden
erschienen sind. Sie sind die Fortsetzung des "Dialogo", die schon
in diesem angekündigt ist . In beiden Büchern treten die gleichen
Gesprächspartner auf: Salviati, Sagredo und Simplicio. Das heisst
offenbar: trotz Prozess und Verurteilung sind wir noch am Leben; die
Discussion geht weiter!

Salviati und Sagredo sind historische Persönlichkeiten, vornehme Herren aus dem Freundeskreis Galileis. Wie die Dialoge geschrieben wurden, waren sie schon tot; Galilei hat ihnen ein Denkmal gesetzt.
Beide sind Männer des tätigen Lebens, keine Gelehrten. Sie interessieren sich als Liebhaber lebhaft für die neue Wissenschaft. Simplicio
dagegen ist eine erfundene Person, ein Gelehrter, der die scholastisch-
aristotelische Wissenschaft vertritt, die Galilei überwinden will. Er
ist als liebenswürdiger und gebildeter Herr dargestellt, der gute Miene
zum bösen Spiel zu machen weiss. Sein Name weist hin auf den bedeutendsten klassischen Kommentator des Aristoteles, auf Simplicius. Dieser
war einer der letzten Lehrer an der platonischen Akademie in Athen,
die anno 541 von Kaiser Justinian, als heidnische Schule, endgültig
geschlossen wurde. (Vergl. Gibbon, Decline and Fall of the Roman
Empire, Cap. 40.)

Die Dialoge setzen voraus, dass die drei Herren sich regel-
mässig treffen, um über wissenschaftliche Fragen zu diskutieren. Salviati berichtet dabei, was er von "unserem Akademiker" - d.i. Galilei
selber - gelernt hat. Und wie in jedem wirklichen Gespräch, schweift

die Diskussion gelegentlich vom Thema ab, um alsdann eine schon
besprochene Frage nochmals aufzunehmen. Dadurch wird die Darstellung
der wissenschaftlichen Probleme gelegentlich unsystematisch und auch
umständlich. Aber die Zeitgenossen waren von der lebendigen Führung
des Dialoges entzückt, der die Probleme von allen möglichen Seiten
beleuchtet und auch schwierige Fragen fasslich und lebendig vorführt.

Die Galilei'sche Mechanik erscheint in den Dialogen in den
Kosmologischen Problemkreis eingebettet: zum Ptolemaeischen System
gehört die Aristotelische Physik; die neue Mechanik, die Galilei
lehren will, entspricht der Kopernikanischen Kosmologie und dient
gleichzeitig ihrer Begründung.

Galilei war überzeugt, dass die "wirklichen" Eigenschaften der
Dinge mathematisch seien. In diesem Sinne ist er ein Platoniker und
ein Schüler des Archimedes, den er wirklich verstanden hat. Er sagt
im "Saggiatore": "Stelle ich mir körperliche Materie vor, so bin ich
gezwungen,sie mir zugleich endlich und gestaltet zu denken. Sie hat
eine bestimmte Form, und ist, mit anderen Körpern verglichen, gross
oder klein; sie befindet sich an einem bestimmten Ort zu einer bestimmten Zeit, sie bewegt sich oder sie bewegt sich nicht, sie berührt
andere Körper oder sie berührt sie nicht, sie ist in grosser oder in
kleiner Zahl vorhanden. Keine Anstrengung der Vorstellungskraft kann
sie von diesen Bedingungen trennen. Dass sie aber weiss oder rot,
bitter oder süss, tönend oder stumm, wohl- oder übelriechend sei,
solches mir vorzustellen bin ich in keiner Weise gezwungen. Und hätte
ich keine derartigen Sinnesempfindungen, so wären weder mein Verstand
noch meine Einbildung je zu solchen Vorstellungen gelangt. Darum
denke ich, dass diese Geschmäcke, Gerüche, Farben etc.nichts mit dem
Gegenstand zu tun haben. Es sind blosse Namen, die sich auf Sinnesempfindungen beziehen. Wenn das sinnliche Lebewesen untergeht, dann
verschwinden auch diese Qualitäten."

Die ersteren Eigenschaften, die mathematisch-geometrischer Natur
sind, das sind die "primären Qualitäten". Auf sie muss sich eine
physikalische Naturerklärung stützen. Die anderen Eigenschaften sind
physiologisch bedingt; das sind "sekundäre Qualitäten", und sie kommen
in der Physik nicht vor. Galilei's Physik ist also, zu mindest in
ihrem Programm, mathematische Physik. Damit steht sie im Gegensatz zur
Aristotelischen Physik, die wesentlich unmathematisch ist, und in der
Qualitäten, wie warm und kalt, die für Galilei "sekundär" sind, eine

primäre Rolle spielen.

Für Galilei ist jede körperliche Gestalt geometrisch wohlbe-
stimmt. Im "Dialogo" wird z.B. die Frage aufgeworfen, ob eine materielle Kugel eine materielle Ebene nur in einem Punkt berühre, oder
ob die Berührung nicht immer in einer kleinen Fläche stattfinde.

Simplicio ist der Ansicht, letzteres müsse der Fall sein; denn
weil die Materie unvollkommen ist, kann sie niemals einer idealen,
also vollkommenen Kugel gleich sein. Darauf antwortet Salviati: "Wenn
du mit einer materiellen Kugel eine materielle Ebene wirklich berührst,
so berührst du mit einer unvollkommenen Ebene eine unvollkommene Kugel,
und diese berühren sich dann nicht nur in _einem_ Punkt. Doch so ist es
auch im Abstrakten: wenn eine immaterielle, unvollkommene Kugel eine
immaterielle unvollkommene Ebene berührt, so geschieht das ebenfalls
nicht nur in einem einzigen Punkt. Soweit ist also zwischen dem Abstrakten und dem Konkreten kein Unterschied. Es wäre auch seltsam,
wenn Berechnungen, die abstrakt vorgenommen wurden, nachher für wirkliche Gold- und Silbermünzen und für die Handelsware nicht gelten
würden. Weisst du, was geschieht, Simplicio? So wie der Rechner, der
seine Rechnung auf Zucker, Seide und Wolle anwenden will, Kisten,
Schachteln und andere Verpackungen abziehen muss, so muss der mathematische Physiker, wenn er seine abstrakte Theorie auf wirkliche Vorgänge anwenden will, die materiellen Störungen abziehen. Wenn ihm
das gelingt, dann stimmt die Wirklichkeit völlig mit der abstrakten
Rechnung zusammen. Die Fehler kommen nicht vom Abstrakten und Konkreten, nicht von der Mathematik und der Physik, sondern vom Rechner,
der nicht weiss wie er rechnen soll. Hättest du eine vollkommene
Kugel und eine vollkommene Ebene, die doch materiell sind, so würden
sie sich in _einem_ Punkt berühren."

Es wird auch festgestellt, dass z.B. jeder Stein eine geometrisch völlig bestimmte Gestalt haben wird, die eben nun viel kompli-
zierter ist, als die höchst einfache Kugelgestalt.

In diesen Ausführungen wird überhaupt die grundsätzliche Ein-
stellung Galilei's deutlich, die sich auch von der platonischen, unterscheidet. Die Wirklichkeit ist nicht ein unvollkommenes Abbild einer
idealen Welt, sondern sie besitzt wirklich eine ideale, mathematische
Struktur, die es zu entdecken gibt. Diese ist im allgemeinen zwar
höchst kompliziert; denn auch das Ideal-mathematische braucht keineswegs einfach zu sein. Es gibt aber einfache, ideale Grenzfälle, die
man erfassen kann. Diese sind gültige Beispiele für physikalische Vor-

gänge überhaupt. "Extensiv", d.h. gemessen an der unendlichen Fülle
des Wissbaren, ist zwar der menschliche Verstand ein Nichts. "Intensiv",
d.h. insofern ein einzelnes Faktum wirklich verstanden wird, versteht
der Menschengeist doch einzelne Dinge vollkommen und mit der gleichen
Sicherheit, wie die Natur. Zu diesen Dingen gehören die geometrischen
und arithmetischen Sätze, die zwar allein Gott alle kennt, denn ihrer
sind unendlich viele. Aber bezüglich der wenigen, die der Menschengeist kennt, ist sein Wissen gleich dem göttlichen Wissen. Denn hier
erreichte er Einsicht in die Notwendigkeit, und grössere Sicherheit
gibt es nicht. Wir gelangen zu unserer Einsicht allerdings nur mühsam,
Schritt für Schritt, während Gott alles in einem einzigen Blick erkennt.

Galilei betont, dass die Schöpferkraft der Natur jede menschliche Einsicht übersteigt. Es gibt nicht einen einzigen, kleinsten Natur-
vorgang, den auch der klügste Theoretiker vollkommen verstehen könnte.
"Die eitle Einbildung, man verstehe alles, kann ja nur daher kommen,
dass man nie etwas verstanden hat. Denn wer nur ein einziges Mal das
Verständnis einer Sache erlebt hat, wer wirklich geschmeckt hat, wie
man zum Wissen gelangt, der weiss auch, dass er von der Unendlichkeit
der übrigen Wahrheiten nichts weiss."

Galilei's physikalisches Denken ist Teil einer grossartigen
Kosmologie, die mit derjenigen des platonischen Timaios verglichen
werden kann. Auch für ihn ist Gott der grosse Geometer, der die Welt
nach mathematischen Prinzipien geschaffen hat. Die Natur ist die Offen-
barung Gottes, die in mathematischer Sprache geschrieben ist. Wer
dieses Buch der Natur lesen und verstehen will, muss ein Mathematiker
sein. Darum sind auch die primären Qualitäten, auf die es allein ankommt, mathematisch. Weil aber unser Denken nur mühsam, Schritt für
Schritt, fortschreiten kann, weil es eitel ist, alles verstehen zu
wollen, so versucht Galilei nicht in phantasievoller Spekulation ein
umfassendes Bild der Schöpfung zu entwerfen, wie dies Descartes versucht hat. Er begnügt sich, Fragen einfachster Art mathematisch möglichst vollständig zu erörtern. Dabei vertraut er, wie Archimedes, der
Kraft der Mathematik, die uns hilft, an einem Vorgang den ideal-mathe-
matischen Kern herauszuschälen. Solche ideale Vorgänge gibt es in der
Erfahrung zwar nie, da die "materiellen Störungen" nie gänzlich ausge-
schaltet werden können. Und dennoch bestätigt die Erfahrung, dass diese

Weise des Forschens zur Entdeckung der Naturgesetze führt.

Es entspricht Galilei's mathematisch-physikalischer Denkweise, dass die Experimente, die er anführt, sehr häufig Gedankenexperimente sind. Diese fassen Erfahrungen, die jedermann allezeit machen kann, idealisiert zusammen. Man wird aber nur dann solche Erfahrungen richtig deuten, wenn man sie unbefangen von scholastischen Vorurteilen betrachtet.

Galilei hat seine Mechanik ausführlich in den "Discorsi" dargestellt. Der vollständige Titel dieses seines letzten Buches, in dem er nochmals seine Einsichten zusammenfasst, lautet: "Discorsi e Dimostrazioni matematiche intorno à due nuove Scienze, attenenti alla Mecanica e i Movimenti Locali del Signor Galileo Galilei, Filosofo e Matematico primario del Serenissimo Grad Duca di Toscana". Die Gespräche dauern vier Tage und die drei Personen, Salviati, Sagredo und Simplicio, treffen sich auf dem Arsenal von Venedig: "wo der forschende Geist zu vielfältigen Untersuchungen angeregt wird, wenn er alle die Arbeiten betrachtet, die mit der Mechanik zu tun haben. Denn da werden alle möglichen Instrumente und Maschinen konstruiert,durch Handwerker, die gar manches sehr scharfsinnig und richtig zu erklären wissen, denn sie verfügen über eine Berufstradition und eigene Beobachtungen".

So eröffnet Galilei das Gespräch des "ersten Tages" und macht schon damit klar, dass er sich auf die praktische Erfahrung stützen will und nicht auf das, was die Universitätsprofessoren lehren. Diese Erfahrung aber findet man bei Handwerkern und Technikern. An den beiden ersten Tagen dreht sich das Gespräch vor allem um die Festigkeitslehre. Hier stösst man auf die zentrale Frage, wie mechanische Probleme mathematisch zu erfassen seien: wie verhält sich die Geometrie zur physikalischen Wirklichkeit. Salviati behauptet, dass es in der Mechanik, im Unterschied zur reinen Geometrie, nicht nur auf die Proportionen einer Maschine, sondern auch auf ihre absolute Grösse ankomme. Sagredo findet diese Behauptung unglaublich. Denn die Mechanik, so sagt er, beruht auf der Geometrie, und die Eigenschaften von Kreisen, Dreiecken, Zylindern und Kegeln ändern sich nicht mit ihrer Grösse. Darauf entgegnet Salviati, man könne gerade mit Hilfe der Geometrie beweisen, dass es für jede Struktur, ein gegebenes Material vorausgesetzt, eine Grösse gebe, die nicht überschritten werden kann. Da

ruft Sagredo aus: "mir wird ganz schwindelig! Mein Verstand wird,wie
eine Wolke durch den Blitz, einen Augenblick lang von ungewöhnlichem
Licht erfüllt, das mir etwas anzudeuten scheint, das aber allsogleich
zu seltsam verwirrten Ideen führt". So führt Galilei anschaulich-
dramatisch vor Augen, wie es ist, wenn einem eine Idee vorschwebt,
die man fassen und festhalten möchte.

Salviati berichtet nun, wie er "von unserem Akademiker" - d.h.
von Galilei - gelernt hat, dass für die Reissfestigkeit eines Stabes
sein Querschnitt massgebend ist, für das Gewicht aber das Volumen.
Darum sind die Knochen kleiner Tiere schlank proportioniert, diejenigen grosser aber plump. Es werden aus dieser Einsicht Folgerungen gezogen, insbesondere ein Gesetz für die Bruchfestigkeit von Balken. Die
Ueberlegungen sind sehr schematisch, führen aber zu richtigen Dimen-
sionsformeln, und darum geht es ja Galilei. Als erste Beiträge zur
Festigkeitslehre sind die Betrachtungen sehr bemerkenswert.

Im Verlauf des Gesprächs wird auch diskutiert, was die Ursache
der Festigkeit der Körper sei. Dabei wird dem Vakuum eine mysteriöse
Bedeutung zugeschrieben. Es könnte doch sein, so meint Salviati, dass
im Innern der Körper eine gewaltige Zahl ungemein kleiner Vakua ver-
streut ist, die für ihren Zusammenhalt massgebend ist. Von dieser als
Hypothese vorgebrachten Idee ausgehend, schweift das Gespräch nun ab
zu einer interessanten Diskussion, die das Unendliche betrifft. Das
Axiom: das Ganze ist grösser als sein Teil, gilt hier nicht mehr. So
gibt es offenbar gleich viel Quadratzahlen wie natürliche, ganze
Zahlen. Betrachtet man aber ein endliches Intervall, so ist in diesem
die relative Anzahl von Quadratzahlen desto kleiner, je grösser das
Intervall gewählt wird. Enthält es aber nur die Eins, dann ist wieder,
wie beim unendlichen Intervall, die Anzahl der Quadrate gleich der
Anzahl der Zahlen. Die Eins und das Unendliche sind somit in dieser
Hinsicht gleichartig: eine eigentümlich platonisch-pythagoraeische
Spekulation.

Ferner betrachtet Galilei einen Kreiszylinder mit Radius und
Höhe r. In ihm ist die Halbkugel vom Radius r einbeschrieben, sowie
ein Kegel mit Basiskreis r und Höhe r.
Die Halbkugel höhlt den Zylinder aus, und es entsteht so ein schüssel-
förmiges Gebilde.

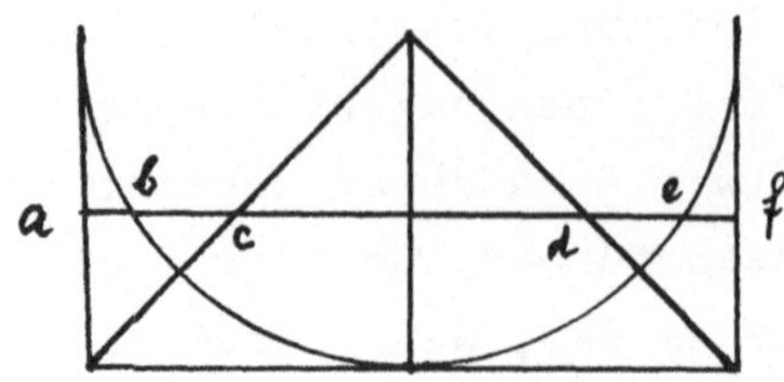

Man schneide diese Körper mit der horizontalen Ebene a b c d e f .
Diese schneidet den schüsselförmigen Körper im Kreisring a b, e f,
den Kegel in der Kreisfläche c d. Man zeigt nun leicht, dass Kreisring und Kreisfläche flächengleich sind. Das gilt für jede Ebene, die
parallel zur Grundfläche ist, also auch dann, wenn sie in der Höhe r
gelegt wird. Dann aber degeneriert der Kreisring zu einer Kreislinie,
die Kreisfläche zu einem Punkt. Und diese beiden, Kreis und Punkt,
darf man noch immer "gleich" nennen, denn sie sind "die letzten
Spuren und Ueberbleibsel" gleicher Grössen. Und wäre die Schüssel so
gross, dass in ihr die halbe Himmelskugel Platz fände, auch dann wäre
ihr äusserster Rand gleich der Kegelspitze. Darum kann man sagen: alle
Kreise haben den gleichen Umfang und dieser ist gleich einem einzigen
Punkt. Hier wird ein platonisch-kosmologisches, ein mystisches Motiv
angetönt: "Gott ist wie ein unendlicher Kreis, dessen Zentrum überall
und dessen Peripherie nirgends". Das sagt aber Galilei nicht; die Erwägungen bleiben sachlich. Sie sind für die Begründung der Analysis
wichtig geworden. Denn Galilei hat, anders als seine Vorgänger, nicht
geschlossen, dass das Unendliche ein paradoxer Begriff sei, der zu
Widersprüchen führt, sondern dass es ein neuartiger Begriff ist, für
den die üblichen Gesetze der Arithmetik nicht gelten.

Da die hier geschilderten Ueberlegungen durch Betrachtungen über
das Vakuum angeregt sind, so wird natürlich auch diskutiert, ob denn
ein Vakuum überhaupt existieren kann. Aristoteles hat das ja bestrit-
ten. Er machte u.a. geltend, dass im Vakuum ein Körper unendlich
schnell fallen würde, da er keinen Widerstand erfährt. Das schien ihm
unsinnig, was erneut beweist, dass es kein Vakuum geben kann. Galilei
findet diese Beweisführung gar nicht überzeugend. Ihr liegt eine falsche Theorie des freien Falls zugrunde. Aristoteles war nämlich der
Ansicht, dass ein schwerer Körper schneller falle als ein leichter,
und das ist unrichtig. Salviati sagt, man könne, ohne Experiment,
einsehen, dass alle Körper gleich schnell fallen. Dabei nimmt er still-

schweigend an, die Fallgeschwindigkeit sei nun durch das Gewicht des Körpers bestimmt. Würde nun ein leichter Körper langsamer fallen als ein schwerer, so würde er, mit dem schweren Körper vereinigt, diesen in seinem Fall bremsen. Die beiden vereinigten Körper sind aber noch schwerer, als der schwere Körper allein, müssten also zusammen schneller fallen. Damit ist man zu einem Widerspruch gelangt: also fallen alle Körper gleich schnell. Die Aehnlichkeit dieses Beweises mit dem Archimedischen Beweis für das Hebelgesetz scheint mir offenkundig. Man kann ihn darum ebenso leicht kritisieren, und muss doch zugeben, dass die physikalische Erwägung richtig ist.

Das Fallgesetz und der Wurf werden am dritten und vierten Tag besprochen.

Dass der freie Fall eine gleichförmige beschleunigte Bewegung sei, haben schon vor Galilei sich viele Physiker vorgestellt. Die Schwierigkeit war nur, genau zu sagen, was "gleichförmig beschleunigt" bedeuten soll. Man verstand darunter das, was die Scholastiker "uniformiter difformis" nannten. Wie wir gesehen haben, war man sich nicht im Klaren darüber, als Funktion welcher Variablen, der Zeit oder der Fallhöhe, die Geschwindigkeit linear zunimmt. Die Extension, die zur Geschwindigkeit gehört, ist eben sowohl die Zeit wie der Raum.

Salviati stellt fest, dass "unser Autor" (d.i. Galilei) nicht erörtern wolle, warum der freie Fall beschleunigt sei, sondern lediglich feststelle, wie diese Bewegung erfolge; und er behauptet, die Geschwindigkeit nimmt linear mit der Zeit zu. Sagredo meint, man könne ebenso gut sagen, die Geschwindigkeit wachse linear mit dem durchfallenen Weg, und das sei zudem auch klarer. Da sagt Salviati: "Es ist sehr tröstlich, dass ich da einen Kameraden im Irrtum habe. Und zudem darf ich dir gestehen : deine Aussage sieht so wahrscheinlich aus, dass selbst unser Autor zugegeben hat, er sei eine Zeit lang vom gleichen Irrtum befangen gewesen. Aber was mich am meisten überrascht hat ist, dass diese Aussage, die doch so plausibel scheint, dass ihr jeder beistimmt, leicht als falsch, ja als gänzlich unmöglich erwiesen werden kann. Denn sie ist darum falsch und unmöglich, weil aus ihr folgen würde, dass die Bewegung unendlich schnell erfolgen müsste. Der klare Beweis hiefür ist folgender: Wenn die Geschwindigkeiten proportional zum durchlaufenen Weg sind, dann werden alle Wege in der gleichen Zeit durchlaufen. Das ist aber nur bei unendlicher Geschwindigkeit möglich".

Nachdem hiemit festgestellt ist, dass allein das Gesetz v = at vernünftig ist, postuliert Galilei:

"Die Geschwindigkeiten, die ein und derselbe Körper erreicht, wenn er sich auf Ebenen verschiedener Neigung abwärts bewegt, sind gleich, wenn die Höhen dieser Ebenen gleich sind."

Dieses Postulat ist der Energiesatz im Schwerefeld und wird aus der Erfahrung begründet, vor allem durch das folgende Experiment:

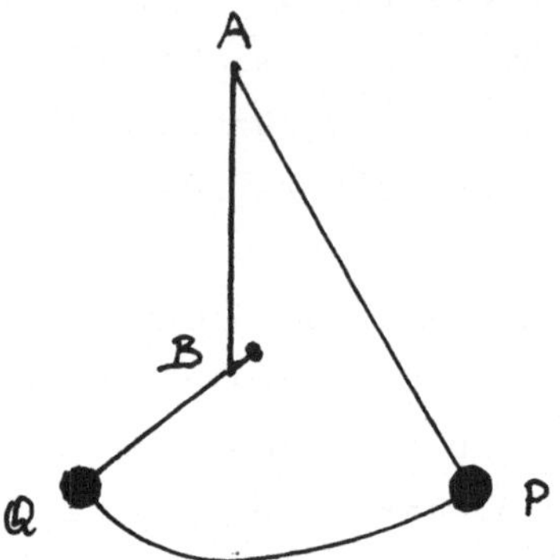

A P ist ein in A aufgehängtes Pendel. B ist ein Nagel, der die Pendelschnur aufhält. Lässt man das Pendel in P los, so schwingt es bis Q, wo die Bewegung umkehrt. Man beobachtet, dass P und Q dieselbe Höhe besitzen.

Galilei betont, dass auch alle Folgerungen aus diesem Postulat mit der Erfahrung übereinstimmen, was seine Wahrheit bestätigt.

Mit Hilfe des Fallgesetzes und des Energiesatzes beherrscht nun Galilei nicht nur den freien Fall, sondern auch den auf der schiefen Ebene. Von den zahlreichen Sätzen, die er beweist, macht ihm der folgende offenbar besonders Freude:

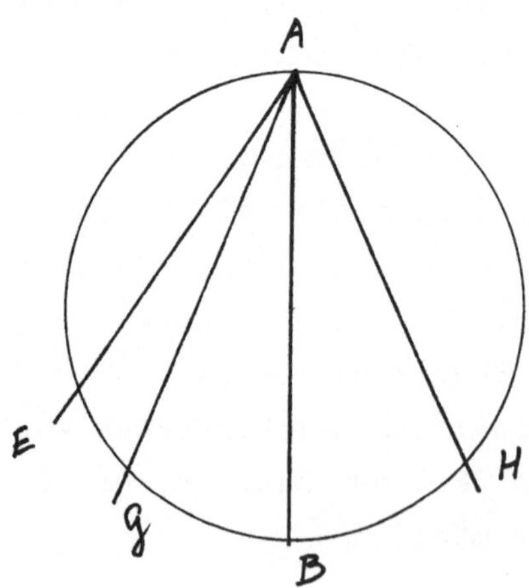

Von A lässt man gleichzeitig Körper längs der Geraden A E, A G,
A B A H herabfallen. Die Körper befinden sich dann in jedem Moment
auf einem Kreis, z.B. A E G B H, dessen Durchmesser quadratisch mit
der Zeit anwächst. Denkt man sich von A aus Geraden in allen möglichen
Richtungen, auf denen sich die Massen bewegen, dann liegen diese
dauernd auf einer Kugel, die durch A hindurchgeht. Es ist Sagredo, der
diese Betrachtung anstellt, und Salviati sagt: " Diese Idee ist wirklich wunderschön und würdig Sagredo's klugem Geiste".

Ferner beweist er das folgende Theorem: wenn vom tiefsten Punkt
eines Kreises aus eine Sehne gezogen wird, deren Bogen nicht grösser
ist als ein Quadrant, und wenn von den beiden Enden dieser Sehne aus
zwei weitere Sehnen zu irgend einem Punkte des Bogens gezogen werden,
dann ist die Fallzeit längs dieser beiden Sehnen kürzer als längs der
ersten Sehne und auch kürzer um denselben Betrag als die Fallzeit
längs der unteren der beiden Sehnen.
Daraus schliesst er, dass der Weg kürzesten Falls nicht die Gerade,
sondern der Kreis ist. Dieser Schluss ist unrichtig, doch hat erst
Johann Bernoulli die richtige Lösung - die Zykloide - gefunden. Er
hat diese Aufgabe publiziert, um Newton herauszufordern und zu prüfen,
der sie auch sogleich richtig gelöst hat. Das Problem gab Anlass zur
Entwicklung der Variationsrechnung und war auch Ursache eines berühmten Streites zwischen Jakob und Johann Bernoulli.

Ein anderes Problem, das ebenfalls auf Galilei zurückgeht und
von Joh. Bernoulli gelöst wurde, ist dasjenige der Kettenlinie. Es
ist jedoch nicht richtig, dass diese von Galilei für eine Parabel gehalten wurde, obwohl das in jeder Mathematikgeschichte zu lesen steht.
Galilei sagt nämlich: "hängt man eine Kette auf und lässt man sie mehr
oder weniger locker hängen, so biegt sie sich und passt sich der Parabel an. Die Uebereinstimmung ist desto besser, je weniger Krümmung
die Parabel aufweist, je gestreckter sie also ist. Betrachtet man
Parabeln mit einer Elevation von weniger als 45°, so passt sich die
Kette der Parabel fast vollkommen an". Es ist hieraus völlig klar,
dass er wusste, dass es sich um eine Näherung handelt.*(Ende 4.Tag)

---

* Die Elevation $< 45^\circ$ bedeutet, dass $|y'| < 1$ sein soll. Ist also
  die Parabel $y = \frac{1}{2} x^2$, so ist die Kettenlinie $y = \frac{1}{2} x^2 + \frac{1}{4!} x^4 + \ldots$.
  Der Unterschied ist klein, wenn $|x| < 1$.

Damit habe ich aber vorgegriffen, denn die Parabel ist ja die ballistische Bahn, die am 4. Tag behandelt wird.

Schon am 3. Tag wird das Trägheitsgesetz ausgesprochen, und zwar in folgender Form:

"Wir können weiter bemerken, dass jede Geschwindigkeit, die einem bewegten Körper mitgeteilt wurde, streng erhalten bleibt, falls äussere Gründe der Beschleunigung oder Verzögerung entfernt werden, eine Bedingung, die nur auf horizontalen Ebenen erfüllt ist. Denn falls die Ebenen abwärts geneigt sind, so ist das schon ein Grund der Beschleunigung, wenn sie aber aufwärts steigen, ein Grund der Verzögerung. Daraus folgt, dass die Bewegung auf einer horizontalen Ebene ewig dauert. Denn, wenn die Bewegung gleichförmig ist, kann sie nicht verkleinert, noch weniger zerstört werden."

Am 4. Tag wird nun die Bewegung geworfener Körper behandelt. Da heisst es: "Ihre Bewegung ist aus zwei Bewegungen zusammengesetzt, nämlich aus einer gleichförmigen und einer natürlich beschleunigten Bewegung. Sie entsteht wie folgt: man stelle sich einen Körper vor, der längs einer horizontalen Ebene, ohne Reibung, geworfen wird. Dann wissen wir, dass dieser sich gleichförmig und dauernd bewegt, vorausgesetzt, die Ebene habe keine Grenze. Wenn nun aber die Ebene begrenzt und erhöht ist, wird der Körper, den wir uns als schwer denken, über den Rand der Ebene hinausfliegen und gewinnt nun, zusätzlich zu seiner früheren gleichförmigen Bewegung, eine Tendenz nach abwärts, die von seinem Gewicht herrührt.Die so entstehende Bewegung, die ich Wurf nenne, ist zusammengesetzt aus einer, die gleichförmig und horizontal, und einer anderen, die vertikal und natürlich beschleunigt ist. Die Bahn dieser Bewegung ist eine Semiparabel".

Diese Behauptung wird bewiesen zur grössten Befriedigung von Sagredo. Dieser ist vor allem davon beeindruckt, dass die beiden Bewegungen - die horizontale und die vertikale - sich zusammensetzen, ohne sich gegenseitig zu stören. Doch er und Simplicio weisen darauf hin, dass die Horizontale eigentlich die Erdoberfläche ist, die Vertikale aber immer auf das Erdzentrum hin zeigt. Darum, so betonen beide, kann die Bahn nicht wirklich eine Parabel sein. Eine Ebene würde die Erde ja tangieren und geht daher, streng genommen, vom Tangentialpunkte aus nach allen Seiten "aufwärts". Zudem weist Simplicio darauf hin, dass die Reibung nie vermieden werden kann, was ebenfalls das Bewegungsgesetz verändert.

Diese Einwände werden von Salviati alle zugestanden. Doch darf man
eben, nach dem Vorbild des Archimedes, den Vorgang idealisieren. Dieser hat ja bei seiner Theorie des Gleichgewichtes ebenfalls angenommen, alle Lote seien parallel, hat also den Erdmittelpunkt ins
Unendliche gerückt. Die Reibung aber kann kaum exakt berücksichtigt
werden. Darum soll man derartige Probleme wissenschaftlich so behandeln, dass man von all diesen Schwierigkeiten zunächst absieht. Die
Gesetze, die man in dieser Weise findet, wende man dann mit denjenigen Einschränkungen an, wie sie die Erfahrung zulässt. Die Erfahrung
zeigt aber, dass hinreichend dichte und vernünftig geformte Körper
sich der Theorie gemäss bewegen.

Am Schluss dieser Ausführungen wird noch gesagt, dass beim ge-
waltigen Impuls heftiger Schüsse die Bahn vielleicht weniger gekrümmt
sein könnte, als die Parabel. Der Autor befasse sich jedoch nicht
mit diesem Fall, sondern sein Ziel sei, eine Tabelle der Schussweiten
für Schüsse grosser Elevation aufzustellen. Solche Schüsse werden mit
Mörsern abgefeuert, mit kleiner Ladung, die keinen übernatürlichen
Impuls ("impeto sopranaturale") erteilt, und ihre Bahn ist sehr genau
die theoretische.

Diese Einschränkung des Gültigkeitsbereiches der Theorie ist
überraschend, zeigt aber, dass Galilei nichts behaupten wollte, falls
seine Erfahrung und seine Intuition ihn im Stiche liess.

Das wichtigste Ergebnis der kinematischen Theorie Galilei's
ist anerkanntermassen das Trägheitsgesetz. Dieses wird ausdrücklich
für die Bewegung auf der Horizontalen ausgesprochen. Diese ist streng
genommen die Erdoberfläche, sodass die Inertialbewegung auf einem
Kreis um die Erde erfolgt, der freilich durch eine Gerade idealisiert
oder approximiert wird. Eine wirklich geradlinig gleichförmige Bewegung schien Galilei unnatürlich. Im "Dialogo" sagt er, eine solche
Bewegung sei vielleicht vor Erschaffung des Kosmos, im ursprünglichen
Chaos, möglich gewesen. Sie könne aber höchstens dazu dienen, die
Dinge an ihren Ort zu bringen. Ist dies aber einmal geschehen, ist
eine wohlgeordnete Welt entstanden, dann ist allein die Kreisbewegung
natürlich.

Es ist schon immer aufgefallen, dass Galilei die Entdeckung
Keplers, der die Planetenbahnen als Ellipsen erkannt hat, total igno-
riert. Ich möchte diese merkwürdige Tatsache deuten, indem ich die
Himmelsmechanik Kepler's und die irdische Mechanik Galilei's ver-
gleiche.

Kepler war vor allem Astronom und wollte die Planetenbewegung
verstehen und erklären. Als Kopernikaner behandelte er die Planeten
wie irdische Körper. Ihre Bewegung entspringt daher einer Ursache,
einer Kraft und erfolgt nicht "von selber". Darum braucht die Pla-
netenbahn auch kein Kreis zu sein.

Galilei war Physiker, der die irdische Bewegung verstehen wollte.
Auch er war von der Wahrheit des Kopernikanischen Systems überzeugt.
Darum behandelte er die irdischen Körper wie Himmelskörper. Diese bewegen sich gemäss den klassischen Vorstellungen "von selber" auf
Kreisen. Denn die Kreisbewegung bedarf keiner Ursache und dauert ewig.
Darum ist auch die Kreisbewegung rund um die Erde - auf der Horizontalen - ewig und bedarf keiner Ursache, keiner Kraft. Kräfte sind nur
nötig, um diese Trägheitsbewegung zu ändern. Dass die Planeten nicht
genau auf Kreisen laufen, hat ihn nicht interessiert, denn das war
eine unwesentliche Abweichung von einem grundlegenden Gesetz, das,
auf die irdische Bewegung angewandt, zum Trägheitsgesetz wird.

Beide, Kepler und Galilei, haben auf ihre Weise, gestützt auf
das Kopernikanische System, himmlische und irdische Mechanik vereinigt. Die Bewegung ihres Denkens ist komplementär: Kepler projiziert
die aristotelische Mechanik in den Himmel, Galilei bringt die Himmelsmechanik zur Erde.
Es war die Aufgabe der folgenden Forschergeneration, die Ergebnisse
dieser Pioniere zu vereinigen. So entstand die allgemeine Mechanik,
die überall in der Welt gültig ist.

IX. Die "mechanische Philosophie" des 17. Jahrhunderts

Im 16. und 17. Jahrhundert haben Künstler und Gelehrte, so
sehr man allgemein das klassische Altertum bewunderte, immer ausge-
sprochener versucht, der Tradition gegenüber eine selbständige Hal-
tung zu gewinnen. Man war mit fernen Ländern und Kulturen in Berührung gekommen, von denen Griechen und Römer nichts gewusst hatten.
Offenbar gab es neues zu entdecken und den Alten war nicht alles bekannt gewesen. Zuerst waren es Aerzte, die sich auf eigene Erfahrungen
stützen wollten. Man sezierte Leichen und entdeckte Fehler in den
Galenischen Werken*, die bisher dem akademischen Unterricht zugrunde
gelegt worden waren. Man kritisierte den Aristoteles. Seine Tendenz,
alles logisch, nicht mathematisch zu erörtern führe, so fand man, zu
Haarspaltereien und zu sinnlosen Begriffsbildungen. Die Unterscheidung von Form und Materie wurde unglaubwürdig. Woher wusste Aristoteles, dass die Form eine aktive Substanz ist, die Materie aber
passiv? Sind nicht die Formen vergänglich und nur die Materie blei-
bend, also alleinige Substanz? Damit rückte die Materie in den Vordergrund des Interesses. Man fasste sie nicht mehr als eine eigen-
schaftslose, passive Matrix auf, der sich die Formen aufprägen. Denn
solche gestaltlose Materie ist nie beobachtet worden. Materie ist
immer gestaltet, geformt. Ihre Form ist nichts Selbständiges, keine
Substanz, sondern Accidens, Eigenschaft, eben der Materie. Solche Erwägungen haben zu einem ausgesprochenen materialistisch-mechanischen
Weltbild geführt. Der bedeutendste Vertreter dieser Denkweise ist wohl
der Engländer Thomas Hobbes (1588-1679), der Verfasser des "Leviathan"
(Everyman's Library No. 691) Er hat seine Ansichten mit einer die
Zeitgenossen erschreckenden Direktheit ausgesprochen, und sie tief
beeindruckt, so wenig man das auch anerkennen mochte. Sein Denken
hat etwas Grossartiges und völlig Unbekümmertes. Er nimmt die Welt
und die Menschen, wie er sie erlebt hat, und damit findet er sich ab.
Allzu schlecht ist seine Meinung vom Menschen zwar nicht, denn die
wahre Verruchtheit kann er sich gar nicht vorstellen. Charakteristisch

---

* Galenus lebte 129 - 199 n.Chr. und war Kaiserlicher Leibarzt in Rom.

scheint mir in dieser Beziehung, wie er "Grausamkeit" definiert:
"Contempt, or little sense of the Calamity of others, is that which
men call **Cruelty** ;proceeding from Security of their own fortune.
For, that any man should take pleasure in other men's great harms,
without other End of his own, I do not conceive it possible". Die
Menschen scheinen ihm weniger böse als absurd. Denn von den Tieren
unterscheidet sie einzig das Denken. Dieses menschliche Privilegium
ist aber mit einem anderen verbunden: dem Privilegium der Absurdi-
tät. Ihm sind vor allem die Philosophieprofessoren unterworfen. Denn
ihnen fehlt die rechte Methode, die man allein in der Mathematik finden kann. Darum gebrauchen sie Worte, die keinen Sinn haben, die
absurd sind. Denn absurd ist es, von einem "runden Viereck" zu reden,
von den "Accidentien des Brotes im Käse", von "immateriellen Substanzen", von einem "freien Subjekt", einem "freien Willen". Solchen
Unsinn schmücken sie dann mit gelehrten Worten, die nichts bedeuten,
wie "hypostatisch, transsubstanziell, consubstanziell" und ähnlichem
Geschwätz. (Leviathan I.5.)

Gegenstand der Philosophie ist nach Hobbes allein das Körperliche. Dieses zerfällt in zwei Arten, die sehr verschieden sind. Die
eine Art Körper sind die natürlichen Körper. Die andere Art ist
künstlich und entsteht durch Willen und Uebereinkunft der Menschen:
d.i. das Commonwealth, der Staat, der grosse Leviathan*. Darum zerfällt die Philosophie in Natur- und Staatsphilosophie.

Die Naturphilosophie handelt also allein von Körpern. Diese
erfüllen den Raum und bewegen sich im Raum. Der Raum kann sehr wohl
leer sein, ein Vakuum. Hobbes wendet sich gegen die, die sagen es
könne kein Vakuum geben, denn dieses sei ein Nichts, oder, wie sich die
Philosophen ausdrücken, ein "non ens". Das ist aber ebenso kindisch,
wie wenn jemand wie folgt schliessen würde: "niemand kann fasten,
denn "fasten" heisst "nichts essen". Aber "nichts" kann nicht ge-
gessen werden".

Gleichwohl war Hobbes der Meinung, dass nur die Materie, nicht
auch der Raum etwas wirkliches sei. Der leere Raum ist das Phantasma,
das uns bleibt, wenn der Körper verschwunden ist. Dieser merkwürdige
Gedanke erinnert an die Ansicht Kants , der Raum sei die Form unserer

---

* Der Staat ist nämlich eine Körperschaft, eine Korporation. Der alge-
braische "Körper" heisst darum so, weil in ihm Elemente inkorporiert
sind.

Anschauung.

Für Hobbes reduziert sich somit jede Naturerklärung auf Mechanik. Dabei betrachtet er das Trägheitsgesetz als selbstverständlich, weil sich der Zustand eines Körpers von selber nicht ändern kann. Mir scheint das Trägheitsgesetz allerdings durchaus nicht selbstverständlich, weil man ja nicht a priori wissen kann, was den "Zustand" eines Körpers bestimmt. Eine Mechanik, deren Bewegungsgesetz die Gestalt $\ddot{\vec{x}} = \vec{k}(\vec{x})$ besitzt, ist logisch möglich, nur ist sie empirisch falsch. Es ist bemerkenswert, dass ein Gesetz, das hart errungen werden musste, schon der nächsten Generation unmittelbar einleuchtend schien. Zur Mechanik im engeren Sinne hat allerdings Hobbes nichts beigetragen: er war kein Mathematiker, so gerne er es gewesen wäre.

Freilich, es genügt keineswegs, ein Naturphilosoph und Mathematiker zu sein, um erfolgreich mathematische Physik zu treiben. Beides war Descartes (1596 - 1650), und doch ist seine mechanische Theorie gänzlich verunglückt. Es ist bekannt, dass auch Descartes die scholastische Formenlehre verwarf. Auch ihm waren die Folgerungen klar, die dies für die Theologie haben könnte, doch hat er nicht so blasphemisch geschrieben wie Hobbes - "die Accidentien des Brotes im Käse". Er war ein kluger und vorsichtiger Mann: "bene vixit qui bene latuit* war sein Wahlspruch. Er war auch bei weitem nicht so einseitig, wie Hobbes und hat immerhin zugegeben, dass es neben der Materie den Geist, die Seele, gibt. Die Seele denkt, die Materie ist ausgedehnt: das ist das Ergebnis seines Nachdenkens. Wie immer bei bedeutenden Menschen soll man ihre Lehren nicht aus zweiter Hand nehmen. Denn das Denken eines Mannes ist Teil seines Wesens, in ihm zeigt er sich nicht als "ausgeklügelt Buch, er ist ein Mensch mit seinem Widerspruch". Ohne den Menschen, der dazu gehört, werden die Gedanken der grossen Philosophen brüchig. In ihren eigenen Schriften drücken sie sich selber und ihre Gedanken aus. So rate ich, wenigstens den "Discours de la Methode" zu lesen, wo uns Descartes, der ein grosser Schriftsteller war, noch heute ganz lebendig entgegentritt. Dies vorausgeschickt, können wir uns seinen mechanischen Ideen zuwenden, in denen leider hauptsächlich seine Schwächen

---

* "Im Verborgenen lebt sich gut".

offenbar werden. Und doch hatte er seinerzeit auch mit diesen Ideen ungeheuren Erfolg und grösste Wirkung.

Descartes war also der Meinung, das Wesen der Materie sei die Ausdehnung. Damit werden Raum und Materie identisch, und darum ist die Theorie der Materie notwendig eine geometrische Theorie. Da Raum und Materie identisch, kann es kein Vakuum geben: durch ihre Ausdehnung spannt ja die Materie den Raum auf. Sie besteht aus Atomen verschiedener Grössen, wobei die feinsten, die Aetheratome, den Zwischenraum zwischen den gröberen, den eigentlich materiellen Atomen, ausfüllen. Gott hat der Materie, den Atomen, ewig dauernde Bewegung verliehen: es gibt also einen Erhaltungssatz der Bewegung. Da Materie und Raum identisch sind, ist jede Bewegung Relativbewegung - so hat schon Aristoteles gelehrt -: die Atome bewegen sich insbesondere relativ zu den Aetheratomen, die den Raum dicht erfüllen oder darstellen. Die Bewegungsrichtung freilich kann sich ändern, wenn die Atome zusammenstossen.

Auf diesen Grundlagen hat nun Descartes ein mechanisches Weltbild entworfen, in dem er alle denkbaren physikalischen und physiologischen Vorgänge zu beschreiben und zu erkären trachtete. Die Planetenbewegung sollte insbesondere daher kommen, dass alle Planeten durch einen Aetherwirbel um die Sonne geführt werden.

Dieses Weltbild ist eine grosse Phantasie und hat die Phantasie der Menschen angesprochen. Jeder Gebildete, Damen und Herren, konnte da mitreden, seine Phantasie schweifen lassen, und sich zudem vorstellen, er denke wissenschaftlich. So heisst es in den "Femmes Savantes" (Acte III. Scène II)

Trissotin: Descartes, pour l'aimant, donne fort dans mons sens.

Armande: J'aime ses Tourbillons.

Philaminte: Moi ses mondes tombantes.

Armande: Il me tarde de voir notre assemblée ouverte,

              Et de vous signaler par quelque découverte.

Man kann sich denken, dass die angekündigten Entdeckungen dieser Einleitung entsprechen werden! *

---

* Monsieur Jourdain ist freilich weniger entzückt von den Ankündigungen des Cartesischen Philosophen: "Il y a trop de tintamarre là-dedans, trop de brouillamini". (Le Bourgeois Gentilhomme, Acte II. Sc. 2)

Da für Descartes der einzige physikalisch-mechanische Vorgang
von Bedeutung der Zusammenstoss der Atome ist, sind die Stossgesetze
die Grundlage seiner Physik. Aber hier hat seine physikalische Intuition gänzlich versagt. Er stellt sieben Gesetze auf, von denen ich
einige anführen will.

Sind m_1 und m_2 die "Grössen der beiden Körper" und v_1, v_2
die Geschwindigkeiten vor dem Stoss, v_1' v_2' diejenigen nach dem
Stoss, wobei alle Geschwindigkeiten gleich oder entgegengesetzt sind,
so soll gelten:

$$\text{Wenn } m_1 = m_2 \; , \; v_1 = -v_2 \; , \; \text{dann } v_1' = -v_1 = -v_2'$$
$$\text{Wenn } m_1 > m_2 \; , \; v_1 = -v_2 \; , \; \text{dann } v_1' = v_1 = v_2$$
$$\text{Wenn } m_1 = m_2 \; , \; v_2 = 0 \; , \quad \text{dann } v_1' = -\frac{3}{4} v_1, \; v_2' = \frac{1}{4} v_1$$
$$\text{Wenn } m_1 < m_2 \; , \; v_2 = 0 \; , \quad \text{dann } v_1 = -v_1' \; , \; v_2' = 0 \; .$$

Es ist offenbar, dass diese Gesetze falsch sind - ausser dem ersten -,
und es ist wunderbar, dass dies Descartes nicht bemerkt hat. Besonders stossend scheint es uns, dass die Gesetze vom Verhältnis $m_1 : m_2$
gänzlich unstetig abhängen. Man kann dies höchstens mit der Bemerkung
entschuldigen: der Stoss ist ein unstetiger Vorgang, weshalb sollten
da seine Gesetze Stetigkeitseigenschaften besitzen? Alle Gesetze erfüllen aber den Cartesischen Erhaltungssatz

$$\Sigma \, m_i \, |v_i| = \text{const.} \quad ,$$

der aber keineswegs ausreicht, die Stossgesetze festzulegen und zudem
falsch ist.

Das wissenschaftliche Misslingen und der Publikumserfolg Descartes' sind lehrreich. Descartes hat zwar die Schriften Galilei's
gekannt, sie aber nicht verstanden und abgelehnt. Ihm schien Galilei's
Mathematik altmodisch und primitiv. Die idealisierten Vorgänge, die er
behandelt, hatten seiner Meinung nichts mit der Wirklichkeit zu tun.
Es schien ihm, Galilei greife allzu willkürlich einen Einzelvorgang
heraus, ohne das grosse Ganze zu beachten. Seiner Ansicht nach ist es
z.B. sinnlos, den freien Fall im Vakuum, eine beschleunigte Bewegung,
zu betrachten. Denn erstens gibt es kein Vakuum, und zweitens ist im
Vakuum keine Beschleunigung möglich. Denn diese kommt ja nur zustande,
wenn die Geschwindigkeit des Körpers durch Stösse anderer Körper, z.B.
des Aethers, verändert wird. Die Physiker aber haben schliesslich
Galilei recht gegeben und sind auf dem von ihm gewiesenen Weg, dem
Weg des Archimedes, fortgeschritten. Das hat freilich die Folge, dass
die mathematische Physik schwierig zu verstehen ist, denn ihre Aus-

sagen sind höchst abstrakt-mathematisch und sollen sich dennoch
auf Naturvorgänge beziehen. Darum muss man fähig sein, in der Natur
das Mathematische zu sehen, und die mathematischen Formeln als Be-
schreibung von Naturvorgängen zu lesen. Molière's Trissotin, Armande
und Philaminte wären hiezu in keiner Weise fähig gewesen. Aber ein
Weltbild entwerfen, durch Aetherwirbel und Stösse einen Vorgang anschaulich erklären - man darf nur nicht zu genau fragen, was und wie
erklärt wird - das traute sich mancher zu. Und so ist denn die gelehrte Welt im 17. Jh. cartesisch geworden. Vornehme Herren und Damen
beschäftigten sich dilettantisch mit der Wissenschaft, und schrieben
z.B. Gedichte über die Atome, wie Lady Margaret Cavendish, "the mad
Duchess":

> "Small Atomes of themselves a World may make
> As being subtle, and of every shape
> And as they dance about, fit places finde
> Such Forms as best agree make every kinde."

Für die Wissenschaft war dieses Treiben trotz allem förderlich. Es gab
unter diesen dilettierenden Forschern sehr kluge Leute, mit denen ein
Gelehrter sich anregend unterhalten konnte: die Galileischen Dialoge
illustrierten das. Zudem fanden die Gelehrten in diesen Kreisen Unter-
stützung und Anerkennung, die sie an den Universitäten nicht finden
konnten, da diese scholastisch erstarrt waren, und aus orthodox-theo-
logischem Denken atomische Mechanik mit Atheismus gleichsetzten. Denn
dort hiess es noch immer:

> "Natur und Geist - so spricht man nicht zu Christen.
> Deshalb verbrennt man Atheisten,
> Weil solche Reden höchst gefährlich sind.
> Natur ist Sünde, Geist ist Teufel;
> Sie hegen zwischen sich den Zweifel,
> Ihr missgestaltet Zwitterkind". (Faust II.1. Akt)

X. Christian Huygens

Christian Huygens von Zulichem (1629-1695) stammt aus einer vor-
nehmen Familie in Haag. Sein Vater, Constantin, war 62 Jahre lang
Geheimschreiber und Vertrauter Wilhelms v. Oranien. Er war ein bedeutender Dichter, Diplomat und Gelehrter, der mit den hervorragendsten
Männern seiner Zeit, auch mit Descartes, im Briefwechsel stand. Er
hat seinen Sohn selber in die Wissenschaften eingeführt. Dieser ist
der grösste holländische Mathematiker und Physiker geworden, und das
heisst sehr viel. Denn Holland darf auf eine bewundernswerte wissenschaftliche Tradition stolz sein. Gerade im 17. Jahrhundert waren
seine Städte unter den ersten kulturellen Zentren Europas: die
holländische Malerei erlebte damals ihren Höhepunkt, Spinoza schreibt
in Amsterdam seinen "Tractus Theologico Politicus" und die "Ethik".
Descartes findet hier Zuflucht, wie auch Locke und viele andere. Der
Tuchhändler Leeuvenhoek macht in Leyden seine erstaunlichen mikro-
skopischen Beobachtungen. In Holland wirken auch bedeutende Mathematiker und die Holländischen Universitäten sind wissenschaftlich aufge-
schlossen und werden von Studenten aus ganz Europa besucht.

Christian Huygens war ein reicher und unabhängiger Herr, der
sein Leben ganz der Forschung gewidmet hat. Seine wissenschaftlichen
Ergebnisse hat er oft spät oder auch gar nicht veröffentlicht. Doch
ist er vielleicht der erste eigentliche Fachgelehrte in der allgemeinen Physik. Er ist kein Philosoph, wie Descartes, kein Mann,
der für seine Ideen kämpft, wie Galilei. In einer streitsüchtigen
Zeit zeichnet er sich aber auch durch bemerkenswerte Konzilianz und
Vorurteilslosigkeit aus. 1666 hat ihn Colbert an die neu gegründete
Académie des Sciences berufen, wo er bis 1681 blieb. Dann ist er,
aus gesundheitlichen Gründen, nach Den Haag zurückgekehrt, und wie
1683 Colbert starb und der schreckliche Louvois seine Nachfolge an-
trat, war Paris für ihn kein Ort mehr, wo er hätte leben wollen.

Huygens wurde zunächst durch mathematische Arbeiten bekannt.
Er beherrschte, wie kaum ein zweiter, die geometrische Analysis im
Stil des Archimedes. Dann wurde er durch seine astronomischen Ent-
deckungen berühmt. Mit dem von ihm verbesserten Fernrohr entdeckte er,

dass das, was Galilei um den Saturn undeutlich gesehen hatte, ein
Ring ist, der den Planeten umschliesst. 1657 patentierte er seine
Pendeluhr, bei der das frei schwingende Pendel die Zeit misst, indem
es über eine Ankerhemmung den Gang des Räderwerkes reguliert. Seine
erste Pendeluhr mit Gewichtsantrieb, die der Uhrmacher Salomon Coster
in Haag für ihn baute, ist erhalten. Die Ganggenauigkeit der Huygens'schen Uhren ist erstaunlich gut. Für die Physik und Astronomie,
ja für das tägliche Leben, ist diese Erfindung von unabschätzbarer
Bedeutung. Huygens Ziel war, die Uhr für die Längenmessung auf hoher
See zu verwenden. Aber wenn man sie auch in einem Cardani'schen
Gelenk aufhängt, damit sie die Schwankungen des Schiffes nicht mit-
macht, so kann man natürlich doch nicht verhindern, dass die Pendel-
ausschläge ungleichmässig werden,was die Isochronie stört. Er ver-
suchte diese Störung durch ein Zykloidenpendel zu kompensieren, was
aber nicht wirklich gelungen ist. Die Unruh mit Spiralfeder hat dann
die Lösung gebracht - auch sie hat Huygens erfunden. Er hat jahrelang
an der Verbesserung seiner Uhr gearbeitet und war in steter Verbindung
mit den besten Uhrmachern, die er nicht nur theoretisch, sondern auch
praktisch-technisch beraten hat.

In der theoretischen Mechanik gelangen ihm grundlegende Fort-
schritte, da er die von Galilei gefundenen Prinzipien bis zum äusser-
sten auszunützen verstand: er ist der geniale Schüler dieses Meisters.
Den Energiesatz Galileis hat er auf ein System von Massenpunkten verallgemeinert: "Wenn sich eine beliebige Anzahl von Gewichten, unter
der Wirkung der Schwere, in Bewegung setzt, so kann sich ihr gemein-
samer Schwerpunkt nie in eine grössere Höhe heben, als diejenige, in
der er sich zu Anfang der Bewegung befand."

Zweitens verallgemeinert er das Trägheitsgesetz Galileis. Dieser
hatte betont, dass wir von der Bewegung der Erde nichts fühlen, weil
wir uns mit der Erde gemeinsam bewegen. Davon ausgehend sagt Huygens:
"Die Ausdrücke, wie "Bewegung der Körper", "gleiche oder ungleiche
Geschwindigkeit" muss man relativ zu anderen Körpern verstehen, die
als ruhend gelten, obwohl es möglich ist, dass alle betrachteten
Körper von einer gemeinsamen Bewegung mitgeführt werden. Wenn also
zwei Körper sich stossen, und beide überdies einer gemeinsamen
gleichförmigen Bewegung unterworfen sind, so prallen sie für einen
mitbewegten Beobachter auseinander, wie wenn jene zusätzliche Bewegung nicht vorhanden wäre".

Das ist das klassische Relativitätsprinzip. Die Formulierung
ist freilich seltsam. Denn im ersten Satz wird, ganz im Sinne Descartes' und der Scholastiker, jede Bewegung als relativ erklärt. Im
zweiten Satz aber wird gesagt, dass die gemeinsame Bewegung gleichförmig sein müsse. Da sollte doch gesagt werden, gegen welche Körper.
Hier zeigt sich ein Problem, das weder Huygens, noch auch Newton,
unserer Auffassung nach, lösen konnte. Newton freilich fand seine
Lösung, wie wir noch sehen werden, sehr befriedigend. Er postuliert
den absoluten Raum, und stellt hernach fest, dass eine gleichförmige
Translation eines Systems gegen den absoluten Raum die Relativbewegung der Teile des Systems nicht beeinflusst. Huygens hat aber den
absoluten Raum abgelehnt. So bleibt die Interpretation seines Prin-
zips unklar, was freilich der mathematisch-physikalischen Anwendung
nichts schadet. Das ist eine in der theoretischen Physik keineswegs
ungewöhnliche Erscheinung!

Mit Hilfe seiner beiden Prinzipien hat Huygens die richtigen
Gesetze für den elastischen Zentralstoss aufgefunden, er fand den
Schwingungsmittelpunkt des zusammengesetzten Pendels, d.h. die redu-
zierte Pendellänge eines starren Punktsystems und leitete den Zusammenhang von Pendellänge und Schwingungszeit bei kleinen Amplituden sowie beim konischen Pendel ab. Er bewies die Isochronie des Zykloiden-
Pendels. Schliesslich hat er die Formel für die Zentrifugalkraft hergeleitet.

Den elastischen Stoss definiert er dadurch, dass sich hiebei
die Relativgeschwindigkeit $|v_1 - v_2|$ der beiden Körper nicht ändert.
Die Geschwindigkeit wird den beiden Körpern erteilt, indem man sie
aus den Höhen h_1 und h_2 fallen lässt und alsdann ihre Geschwindigkeit
durch eine passende Reflexion gegeneinander richtet. Es ist dann, wie
Galilei zeigte, $v_1^2 = 2g\, h_1$, $v_2^2 = 2g\, h_2$ und der Schwerpunkt hat an-
fänglich die Höhe

$$H = \frac{m_1 h_1 + m_2 h_2}{m_1 + m_2}$$

Man richte nun h_1 und h_2 so ein, dass $m_1 v_1 + m_2 v_2 = 0$.
Die Geschwindigkeiten nach dem Stoss seien $\bar{v}_1$ und $\bar{v}_2$, die ent-
sprechenden Höhen $\bar{h}_1$, $\bar{h}_2$ und $\bar{H}$. Der Stoss soll elastisch sein, also

muss $|v_1 - v_2| = |\bar{v}_1 - \bar{v}_2|$ gelten. Ferner darf $\bar{H}$ nicht grösser sein als H. Daraus folgt sogleich, dass $\bar{H} = H$ und $v_1 = -\bar{v}_1$, $v_2 = -\bar{v}_2$.

(Wir schliessen heute so: Die Energie ist gleich Relativenergie plus Schwerpunktenergie. Erstere bleibt nach Voraussetzung erhalten, letztere verschwindet vor dem Stoss und muss daher auch nachher verschwinden.

Das Relativitätsprinzip liefert nun die Formeln für den allgemeinen Zentralstoss.

Auch die Zentrifugalkraft hat Huygens mit Hilfe eines Relativitätsprinzipes hergeleitet. Man stelle sich nämlich vor, ein Mann stehe auf der Felge eines Rades vom Radius R und mit der Umfangsgeschwindigkeit v. Er halte ein Gewicht in Händen. Lässt er es los, so wird ein aussenstehender, ruhender Beobachter feststellen, dass sich das Gewicht tangentiell mit der Geschwindigkeit υ fortbewegt. Der Mann auf dem Rad aber wird, unmittelbar nachdem er das Gewicht losgelassen hat, beobachten, dass es sich in radialer Richtung von ihm entfernt mit der Geschwindigkeit $\mu = \dfrac{v^2}{R}$. t. Hält er es fest, so möchte es sich doch so wegbewegen, so wie ein schwerer Körper, den man in Händen trägt, fallen möchte: das ist sein "conatus", ein Vorläufer des Newton'schen Kraftbegriffs.
Nun hat Galilei gezeigt, dass ein schwerer Körper mit der Geschwindigkeit $\mu = gt$ fällt. Also verhält sich die Zentrifugalkraft zur Schwerkraft wie $\dfrac{v^2}{R} : g$. Dieses Ergebnis liefert nun z.B. sogleich die Umlaufszeit des konischen Pendels.

Die Aufgabe, die Isochronie des Zykloidenpendels zu beweisen, ist ein mathematisches Problem, das, was die Physik angeht, mit dem Energiesatz Galilei's allein gelöst werden kann, wie dies stets bei Problemen mit nur einem Freiheitsgrad zutrifft. Man muss aber ein grosser Virtuose sein, um ohne eigentliche Differentialrechnung, gestützt auf die kinematische Definition der Zykloide und mit synthetischen Methoden im Stil des Archimedes, das Problem zu bewältigen. Der Leser möge sich hievon durch Studium des "Horologium Oscillatorium" selber überzeugen!

Dieses klassische Buch ist 1773 erschienen. In ihm beschreibt Huygens zunächst ausführlich die Konstruktion seiner Pendeluhr, um hernach die wichtigsten seiner mechanisch-theoretischen Ergebnisse darzustellen. Die Formel für die Zentrifugalkraft wird hier, allerdings ohne Herleitung, angegeben. Es folgen sodann ausführliche mathe-

matische Entwicklungen über die Zykloide, die im Beweis der Isochronie des Zykloiden-Pendels gipfeln. Es ist charakteristisch für die Zeit, dass mathematische Forschungsergebnisse häufig in einem nicht-mathematischen Rahmen dargestellt wurden. Rein mathematische Bücher hat man selten gedruckt, da das Buchhändler-Risiko zu gross schien. So ist vieles ungedruckt geblieben, oder wurde erst nach dem Tode eines berühmten Autors veröffentlicht, wenn seine "gesammelten Werke" herausgegeben wurden. Man hat sich oft auch damit geholfen, dass man ein Werk eines bedeutenden klassischen Mathematikers -z.B. die "Kegelschnitte des Apollonius" - in einer kommentierten Ausgabe erscheinen liess, wo dann in den Kommentaren Forschungsergebnisse lebender Mathematiker, die oft nur lose mit dem Gegenstand zusammenhingen, mitgeteilt wurden. Uebrigens hat auch Huygens seine Stossgesetze nicht publiziert, sie sind erst posthum gedruckt worden.
Wie hat Huygens, so wird man fragen, die Isochronie der Zykloide entdeckt? Diese Frage führt uns mitten in die Geschichte der Mathematik im 17. Jh.. Galilei hatte die Aufgabe gestellt, die Bewegung eines Punktes auf dem Umfang des rollenden Rades aufzufinden. Das Problem ist in Frankreich durch Mersenne, einen Paulanerpater, bekannt gemacht worden. Mersenne war ein sehr gelehrter Mann, der mit Fermat, Descartes und vielen anderen Gelehrten in Briefwechsel stand. Da es damals keine Zeitschriften gab, in denen man publizieren konnte, waren Briefwechsel eines der wichtigsten Mittel gegenseitiger wissenschaftlicher Information, und hier kommt Mersenne eine zentrale Stellung zu: da ihm jeder schrieb, so erfuhr auch jeder durch ihn von den Ergebnissen anderer.

Die Zykloide ist, ähnlich wie die Archimedische Spirale, eine einfache transcendente Kurve, die durch einen mechanischen Vorgang erzeugt wird. Zahlreiche bedeutende Mathematiker haben sich mit ihr beschäftigt. Roberval gelang es, sie zu quadrieren (integrieren) und unabhängig von ihm, hat dies auch Torricelli geleistet. Dabei benützte man die neue, von Cavalieri erfundene Methode der Indivisiblen. Man taufte die Kurve Zykloide, Trochoide oder Roulette. Auch Pascal hat mehrere Sätze über sie aufgestellt, und hat 1658 einen eigentlichen Wettbewerb über die Kurve ausgeschrieben - brauchbare Einsendungen sind ihm freilich keine zugekommen. Aber Huygens wurde dadurch angeregt, sich ebenfalls mit der Zykloide zu beschäftigen, und er fragte sich: wie wird sich ein Massenpunkt im Schwerefeld bewegen, wenn er

längs einer Zykloide geführt wird; denn die analoge Frage hatte ja
Galilei für den Kreis bearbeitet. Indem er dies studierte, fand er,
dass die Kurve ihre eigene Evolute ist und stiess auf den Begriff
des Krümmungskreises. Damit wurde es ihm möglich, die Bogenlänge der
Zykloide zu bestimmen: das ist die erste Rektifikation, die einem
Mathematiker gelungen ist. Und schliesslich entdeckte er, dass der
Massenpunkt auf der Zykloide um seine Gleichgewichtslage pendelt, wobei die Frequenz unabhängig von der Amplitude ist. Auch später hat
die Kurve die Physiker beschäftigt. Christopher Wren, Astronom, Mathematiker und Architekt, hat sie benützt, um die Kepler'sche Gleichung
zu lösen. Joh. Bernoulli zeigte, dass sie die Brachystochrone ist. So
ist die Geschichte der Zykloide ein charakteristisches Beispiel für
das Zusammenwirken zwischen Mathematik und Theoretischer Physik, das
damals mächtig einsetzte und das bis in unsere Tage fortdauerte. Alle
mathematisch-physikalischen Arbeiten von Huygens sind in klassisch-
geometrischem Stil geschrieben. Er definiert seine Begriffe ausführlich und sagt genau was er als Postulate voraussetzt. Die Beweise sind
für uns zwar mühsam zu lesen, denn sie sind umständlich und langwierig,
weshalb wir leicht die Uebersicht verlieren. Aber sie sind sehr vollständig und elementar, und sie erreichen in hohem Mass das klassische
Ideal. Als Naturphilosoph blieb Huygens ein Cartesianer. Er hoffte,
dass schliesslich doch die cartesischen Aetherwirbel die Planetenbewegung erklären würden. Die mathematischen Fernkräfte Newtons haben
ihm nie eingeleuchtet. Als älterer Herr hat er zwar die Entwicklungen
in der Physik und Mathematik mit Interesse verfolgt, stand aber auch
der Differentialrechnung der Leibniz und Bernoulli kritisch gegenüber:
ihre Prinzipien schienen ihm logisch nicht hinreichend klar, und das
waren sie ja auch nicht. Zudem konnte er die Probleme, die mit den
neuen Methoden gelöst wurden, meist auch mit seinen klassischen Methoden lösen. Dass dabei jedes Problem gewissermassen individuell behandelt werden muss, hat ihn nicht gestört. Im Gegenteil, er wird es für
einen Vorzug gehalten haben, denn dabei kam ja gerade das der Frage
Eigentümliche erst recht zum Vorschein. Auch in der Mechanik hat Huygens jedes Problem mit einer seiner Besonderheit angemessenen Methode
angegriffen. Das Relativitätsprinzip ist zwar ein allgemeines Prinzip.
Aber es ist unklar formuliert, wie wenn die Bewegung überhaupt relativ wäre, und erst bei der Anwendung wird es dann passend speziali-
siert und präzisiert. Der Energiesatz aber erscheint in der speziellen

Gestalt, die ihm schon Galilei gegeben hat: massgebend ist die Fallhöhe im homogenen Schwerefeld. Als dynamische Wirkungen werden nur
der Stoss und die homogene Schwerkraft behandelt.

Die Huygens'schen Prinzipien sind unvollständig, ja teilweise
unklar. Aber mit sicherer Intuition wendet er sie richtig an, und
mit beschränkten Mitteln erweist er sich als Meister der mathematischen Physik.

XI. Isaac Newton

Isaac Newton ist am 24. Dezember 1642* als Bauernsohn zur Welt
gekommen. Seine Jugend fällt in eine politisch hochbewegte Zeit: er
erlebte die grosse Rebellion und den Bürgerkrieg, in dem König Karl I.
Krone und Kopf verlor, die Militärdiktatur Cromwells und die Restau-
ration des Königtums 1660. Diese Erlebnisse haben in seinem religiösen
und politischen Denken unverkennbare Spuren hinterlassen.

Wie Isaac zur Welt kam, war sein Vater schon gestorben. Die
Familie hoffte, er werde einst das väterliche Gut übernehmen, doch
hiefür erwies er sich als gänzlich ungeschickt. Er war verträumt,
liebte Bücher, beschäftigte sich gerne mit technischen Spielereien,
und so empfahlen der Master der Old King's School, die er in der nahen
Stadt besuchte, und der Apotheker Dr. Clark, ein Verwandter, bei dem
er wohnte, ihn studieren zu lassen. Darum bezog er im Juni 1661 das
Trinity College in Cambridge als Subsizar, d.h. als Student, der sich
den Unterhalt durch Handreichungen in Küche und Haushalt selber ver-
dient, und dem die Studiengelder erlassen sind. Für 30 Jahre sollte
Trinity seine Heimat werden. Die englischen Universitäten waren damals vor allem Theologenschulen und trugen ein klösterliches Gepräge.
Die Fellows der Colleges durften nicht heiraten und es wurde erwartet,
dass sie sich zum Priester weihen würden. Auch Newton blieb darum un-
verheiratet, doch von der Priesterweihe wurde er, wie er Professor
wurde, durch Königliches Dekret entbunden. Denn er war nicht mit allen
Dogmen der Hochkirche einverstanden,und so hatte er Gewissensskrupel.

Aber er studierte Theologie und wurde ein grosser Kenner der
Bibel und Kirchengeschichte. In Mathematik und Naturwissenschaften war
er im wesentlichen Autodidakt, denn diese Wissenschaften waren in Cambridge nicht hoch angesehen. Eine Professur für Mathematik wurde erst
1663 testementarisch durch Henry Lucas gestiftet: das ist "The Lucasian
chair", den in unserer Zeit Dirac inne gehabt hat. Diesen Lehrstuhl

---

* Das Datum ist "Julianisch"; denn der reformierte "Gregorianische"
  Kalender wurde in England als "papistisch" abgelehnt.

erhielt Isaac Barrow, ein Gräcist, Theologe und bedeutender Mathematiker. Aber Newton kann nicht viel von ihm gelernt haben, er war damals schon zu weit fortgeschritten. 1666 hat er seine grossen Entdeckungen gemacht: die Differentialrechnung, die Farbzerstreuung des Lichtes und das Gesetz der Schwerkraft. Die mathematischen Entdeckungen hat er 1669 in einer kurzen Abhandlung zusammengefasst und einer kleinen Zahl von Fachleuten mitgeteilt. Barrow war davon so beeindruckt, dass er zugunsten Newtons von seiner Professur zurücktrat. Newton hat seine Ueberlegungen zur Mechanik zunächst nicht weiterverfolgt, sondern er hat die Theorie des Lichtes und der Farben und mathematische Ideen ausgearbeitet. Doch uns interessiert die Mechanik. Aus den Jahren 1665/66 sind uns einige wenige Aufzeichnungen Newtons zur Mechanik erhalten. Diese zeigen, dass er die "Discorsi" Galilei's und die "Principia" Descartes' gekannt hat. Als "Kraft" wird in diesen Aufzeichnungen die Aenderung der Bewegungsgrössen beim Stoss betrachtet. Diese Begriffsbildung hat Newton, wie wir sehen werden, auch 20 Jahre später, wie er seine "Principia" ausgearbeitet hat, noch beibehalten. Es ist ihm gelungen, auf diesen Grundlagen das Gesetz für die Zentrifugalkraft aufzufinden. Er ist zu seinem Ergebnis unabhängig von Huygens, und auf einem ganz anderen, interessanten Weg gelangt.

Er betrachtet zuerst eine Masse, die sich auf einem Quadrat der Seitenlänge a bewegt, das dem Kreise mit Radius r einbeschrieben ist. Es gilt daher:

$$2r : a = a : r \ .$$

Die Bewegungsgrösse der Masse sei p. An jeder Ecke des Quadrates erfährt die Masse einen Stoss q, weil sie dort am Kreisumfang reflektiert wird. Es gilt

$$a : r = q : p$$

Die Summe aller Stösse bei einem Umlauf ist darum

$$Q = 4q = \frac{4ap}{r}$$

4 a ist der Quadratumfang. Führt man die Rechnung für ein Polygon von 6,8,12... Seiten aus, so findet man, dass die Summe aller Stösse bei einem Umlauf allemal gleich

$$Q = \frac{Up}{r}$$

wird, wo U der Umfang des Polygons. Macht man nun den Grenzübergang, bei welchem das Polygon zum Kreisumfang wird, so erhält man

$$Q = 2\pi \ p \ .$$

Q ist die "Kraft", die der "Kreis" während eines Umlaufes auf die
Masse ausübt. Die "Kraft" pro Zeiteinheit, d.h. die Zentrifugalkraft,
ist daher Q/T ,wo T die Umlaufszeit. Ist v die Geschwindigkeit des
Körpers, so ist $T = \frac{2\pi r}{v}$ und
$$Q/T = \frac{pv}{r} \; .$$

Es ist auffallend, dass bei dieser Rechnung die "Summe aller Stösse"
skalar addiert wird, was ihr eine "cartesische" Note verleiht.
Hat man die Formel für die Zentrifugalkraft und nimmt man an, die
Planetenbahnen seien Kreise um die Sonne, so folgt aus dem 3. Kepler-
gesetz das Gravitationsgesetz $k \sim 1/r^2$. Newton dachte nun, dass die
Erde den Mond genau so anzieht wie die Sonne die Planeten. Die Theorie
des Pendels liefert die Schwerkraft auf der Erde, und wenn man das
Verhältnis des Erdradius zum Mondbahn-Radius kennt, so kann man die
Beschleunigung des Mondes berechnen, also das $1/r^2$ Gesetz prüfen.
Denn es gilt:

> Fallbeschleunigung auf der Erde: Mondbeschleunigung ist
> gleich dem Verhältnis der Radien-Quadrate.

Newton fand eine recht gute Uebereinstimmung von Theorie und Erfahrung,
die ihm aber nicht genügend genau vorkam. Der Grund war die Ungenauig-
keit des damals angenommenen Wertes für den Erdradius. Newton hat aber
vielleicht seine Annahme , die Erde wirke wie ein punktförmiges Kraftzentrum, für problematisch gehalten, und das ist sie zunächst auch,
wenn man den freien Fall auf der Erde betrachtet. Wie dem auch sei,
er hat das Problem nicht weiter verfolgt.

Wie dann in den Siebzigerjahren in England die Huygens'sche
Formel für die Zentrifugalkraft bekannt wurde, haben Halley,Hooke und
Wren ebenfalls aus dem 3. Keplergesetz geschlossen, die Anziehung der
Sonne auf die Planeten müsse proportional zu $1/r^2$ sein. Keinem ist es
aber gelungen, aus diesem Kraftgesetz die Kepler'schen Gesetze herzu-
leiten, d.h. zu beweisen, dass die Planetenbahnen Ellipsen sind und
dass der Flächensatz gilt. Im Frühling 1684 besuchte Halley seinen
verehrten Lehrer Newton und stellte ihm die Frage, was die Planeten-
bahn wäre, wenn das Kraftgesetz wie $1/r^2$ variiert. Newton sagte: eine
Ellipse, und Halley, freudig überrascht, fragte, woher er das wisse.
"Why, I have calculated it", antwortete Newton. Nun drängte ihn
Halley, diese Entdeckung zu publizieren und es ist ihm gelungen, alle
Hemmungen des schwierig zu behandelnden Mannes zu überwinden: Newton
hat die "Principia" geschrieben und Halley hat sie herausgegeben.

Der vollständige Titel dieses grossen Buches lautet "Philosophia Naturalis Principia Mathematica". Es ist 1687 erschienen und trägt das Imprimatur des Präsidenten der Royal Society, Samuel Pepys*. Man kann den Titel als "Mathematische Grundlagen der Physik" übersetzen. Denn für Newton ist die Mechanik, die er in seinem Werk darstellt, die Grundlage der Physik überhaupt. Das Werk ist in drei Bücher eingeteilt. Das erste Buch behandelt die Mechanik der Massenpunkte. Das zweite die Bewegung von Massenpunkten in Flüssigkeiten und Probleme der Hydrodynamik. Das dritte bringt die Anwendung der Mechanik auf das Planetensystem und auf die Bewegung des Mondes.

Den drei Büchern sind, als Einleitung, Definitionen und ihre Erklärung, sowie die allgemeinen Bewegungsgesetze als Axiome vorangestellt. Das entspricht dem klassischen Aufbau der griechischen Mathematiker, der für Newton Ideal und Vorbild war. Die Darstellung ist darum, wo irgend möglich, geometrisch. Ohne die Begriffe der Differential- und Integralrechnung kann man aber allgemeine mechanische Probleme nicht behandeln. Darum leitet Newton das erste Buch mit einem Abschnitt "über die Methode der ersten und letzten Verhältnisse, mit deren Hilfe das Folgende bewiesen wird" ein. Da werden elf Lemmata ausgesprochen und bewiesen, welche die Existenz gewisser geometrischer Grenzwerte sicherstellen. Diese Grenzwerte, das sind "erste und letzte Verhältnisse".

Die Definitionen, die Axiome und die Grenzwert-Lemmata bilden zusammen die Grundlagen der Newton'schen Mechanik. Sie ergänzen und erläutern sich wechselseitig. Für sich allein genommen haben weder die Definitionen noch die Axiome einen klaren Sinn. Dies ist in neuerer Zeit häufig kritisiert worden, was aber, historisch gesehen, nicht gerechtfertigt ist. Die Mängel finden sich schon bei den antiken Vorbildern, wurden aber nicht als solche empfunden. Insbesondere darf man die Definition nicht als rein logisch-wissenschaftliche Aussagen verstehen. Sie sind gemeint als Erklärungen von Begriffen, wobei auf schon bekannte Begriffe und Vorstellungen hingewiesen werden muss. Dabei wird der Autor sich auf das beziehen müssen, was seinen Zeitgenossen bekannt war; er wird also den zeitgenössischen Bildungshintergrund berücksichtigen. Bei Newton sind dies die Begriffe der scholastischen und der Cartesischen Philosophie, mit denen er sich dauernd aus-

---

* Pepys (sprich "piips") war damals Sekretär der Königlichen Marine. Seine Tagebücher sind eine kulturhistorische Quelle erster Ordnung.

einandersetzt. Insofern Newton nicht nur das scholastische, sondern
auch das Cartesische Denken überwunden hat, sind seine Begriffsbildungen völlig neuartig. Seine Definitionen suchen nun aber die neuen
Begriffe in den Rahmen eines altertümlichen Denkens zu stellen, das
damals freilich noch sehr lebendig war. Wir denken heute in anderen
Begriffen und darum scheinen uns die Definitionen Newtons nicht angemessen. Aber die Definitionen wenden sich ja gar nicht an den modernen
Leser!

Die erste Definition ist die der Masse: "die Quantität der Materie ist ihr Mass, das aus dem Produkt ihrer Dichte mit ihrer Ausdehnung entspringt". Dieses Mass ist die Masse.

"Quantität der Materie" ist ein scholastischer Begriff, und zwar,
im Gegensatz zur Qualität, ist die Quantität messbar. Messbar ist auch
die Ausdehnung; und darum war Descartes der Ansicht, dass sie das Mass
der Materie sei. Auch für Newton ist die Ausdehnung eine der Grundeigen-
schaften der Materie, aber sie ist nicht ausreichend, um sie zu messen.
Ganz wie bei den Scholastikern tritt bei ihm neben die Extensität eine
Intensität: die Dichte. Beide zusammen ergeben das Mass der Materie.

Verlangt man von einer Definition, dass sie einen neuen Begriff
durch schon bekannte Begriffe erkläre, so glaube ich, dass Newton's
Definition der Masse dies vor 300 Jahren geleistet hat, auch wenn wir
heute diesen Begriff nicht mehr so erklären würden. Newton stellt
weiter fest, dass die Masse durch Wägen gemessen werden kann, denn
sie ist immer zum Gewicht der Körper proportional. Das folgt aus Pen-
delversuchen, die im III. Buch, Propositio VI. Theorema VI. beschrieben sind. Dort heisst es: "Dass auf der Erde alle Körper gleich schnell
fallen, haben andere schon lange beobachtet. Man kann das aber sehr
genau aus der Schwingungszeit von Pendeln schliessen. Ich habe Versuche
mit Gold, Silber, Blei, Glas, Sand, Kochsalz, Holz, Wasser und Weizen
gemacht. Ich habe zwei hölzerne Büchsen, rund und von gleicher Gestalt,
verglichen. Eine füllte ich mit Holz, in der anderen brachte ich z.B.
ein gleiches Gewicht Gold an. Die Büchsen hingen an gleichen, elf Fuss
langen Fäden und bildeten Pendel, die in Bezug auf Gewicht, Gestalt
und Luftwiderstand ganz gleich waren, und die mit gleicher Schwingung,
nebeneinander angeordnet, sehr lange hin und her gingen". Newton konnte
so beweisen, dass bei Körpern mit gleichem Gewicht der Massenunter-
schied sicher kleiner als ein Tausendstel ist. Die Masse, als von der
Ausdehnung und vom Gewicht verschiedene Grösse, hat Newton in die

Mechanik eingeführt, und das ist eine seiner fundamentalen Leistungen.

Die zweite Definition ist diejenige der Bewegungsgrösse als "Mass der Bewegung". Sie ist das Produkt von Masse und Geschwindigkeit. Wiederum ist die "Quantitas motus" eine scholastische Begriffsbildung, bei der die Geschwindigkeit die Rolle der Extensität, die Masse die der Intensität spielt. Newton bemerkt hierzu weiter, die Bewegung des Ganzen sei die Summe der Bewegung der Teile. Diese Summe ist, wie sich später zeigt, vektoriell gemeint.

Drittens wird die "vis insita", die den Körpern einwohnende Kraft, erklärt, die darin besteht, dass ein Körper seinen Zustand der Ruhe oder der geradlinig-gleichförmigen Bewegung beibehält. Sie ist zur Masse proportional und Ausdruck seiner Trägheit. Darum kann man sie auch "Trägheitskraft" (vis inertiae) nennen.

Die vierte Definition ist die der "einwirkenden Kraft" (vis impressa). Diese ist die den Körper antreibende Einwirkung, die seinen Bewegungszustand ändert. Nur während der Zustandsänderung ist sie vorhanden, denn nachher behält der Körper den neuen Zustand kraft seiner Trägheit . Die Definition und die ihr folgende Erklärung unterscheidet den Newton'schen Kraftbegriff von scholastischen Begriffen, wie dem "Impetus". Denn dieser wurde ebenfalls als Kraft betrachtet, die aber in der Bewegung wirksam ist, und die beim Stoss von einem Körper auf einen anderen übertragen wird. Auch die "lebendige Kraft" Leibniz' hat diesen Charakter. Nun definiert Newton den Begriff der "Zentrifugalkraft": sie treibt einen Körper immer gegen einen Punkt, der das Kraftzentrum genannt wird. Man kann diese Kraft in verschiedener Weise messen. Vor allem kommt es aber auf die bewegende Kraft an, die "vis centripetae quantitas motrix", deren Mass die Aenderung der Bewegungsgrösse ist.

Nach diesen Definitionen folgt ein berühmtes "Scholium" (eine "Belehrung"), in dem die Begriffe des absoluten Raumes und der absoluten Zeit besprochen werden. Vom philosophischen Standpunkt aus können diese Begriffe kaum befriedigen. Doch die Tatsache, dass das Trägheitsgesetz nur einen Sinn hat, wenn im Raum die Inertialsysteme ausgezeichnet sind, führt zwangsläufig zu derartigen Begriffsbildungen. Newton freilich fand seinen Absoluten Raum auch philosophisch, oder vielmehr theologisch, höchst befriedigend. Denn der Raum ist für ihn Ausdruck der Allgegenwart Gottes, die Zeit seiner Ewigkeit. Diese Idee ist keine des alten Newton; er hat schon mit 25 Jahren so gedacht.

Sie ist auch keineswegs seine Erfindung, sondern lässt sich bis ins
Altertum zurückverfolgen. Newton zitiert mit Recht in diesem Zusammenhang die Predigt des Paulus in Athen (Apostelg. 17. 27 ff), wo es von
Gott heisst "In ihm leben wir, bewegen wir uns und sind wir". Paulus
aber zitiert hierauf den Aratos, der die astronomische Theorie des
Eudoxos um 270 v. Chr. dichterisch behandelt hat, und dieser hat geschrieben: "Alles ist erfüllt von Zeus, alle Strassen, Plätze wo Menschen gehen, und alle Häfen und das weite Meer. Ueberall sind wir von
Zeus abhängig, denn wir sind von seinem Geschlecht". Dieser Zeus ist
der Himmel, der Aether, der alles durchdringt und umfängt. So wie für
Plato und Eudoxos ist darum auch für Newton die Himmelsmechanik eine
göttliche Wissenschaft. Zwar, die Sterne sind keine Götter mehr. Aber
sie sind von Gott geschaffen, und sie bewegen sich im göttlichen Raum.

Auf die Definitionen folgen nun die "Axiomata sive Leges Motus",
d.h. die Bewegungsgesetze.

Lex I. ist das Trägheitsgesetz, nach welchem jeder Körper im
Zustand gradlinig-gleichförmiger Bewegung verharrt, wenn nicht äussere
Kräfte seinen Zustand ändern.

Zur Erläuterung fügt Newton bei, dass Geschosse ihre Bewegung
beibehalten, insofern sie nicht durch die Luft gebremst, durch ihr
Gewicht abwärts gezogen werden. Ein Rad, dessen Teile zusammenhalten
und sich darum beständig von der gradlinigen Bewegung abziehen, hört
nicht auf, sich zu drehen, insofern es nicht durch Reibung gebremst
wird. Die grösseren Körper der Planeten behalten ihre fortschreitende
und rotierende Bewegung noch viel länger, da sie sich im leeren Raum,
der keinen Widerstand leistet, bewegen.

Zunächst wird man denken, dass diese Beispiele, wie vor allem
das sich drehende Rad, doch nichts mit dem Trägheitsprinzip zu tun
hätten, das von gradliniger Bewegung handelt. Man denke nun aber
daran, dass eine reine Trägheitsbewegung nie beobachtet werden kann:
sie ist ein idealer Grenzfall. Die genannten Beispiele sind Bewegungs-
arten, deren lange Dauer direkt oder indirekt auf das Trägheitsprinzip
zurückgeführt werden kann. So glaube ich, soll man diese Erläuterungen
verstehen. Uns machen sie deutlich, dass die grundlegenden Naturgesetze
meist nur sehr indirekt, dann aber oft desto zwingender bestätigt
werden können.

Lex II. ist das Newton'sche Bewegungsgesetz: "Die Aenderung der
Bewegung - d.h. also des Impulses - ist proportional der bewegenden

Kraft, und sie erfolgt in der Richtung, in der die Kraft wirkt".

Dazu wird bemerkt, dass die erzeugte Bewegung sich der Kraft entsprechend vervielfacht, ob nun dies Vielfache aufs Mal, oder in Stufen, hintereinander wirkt. Ferner hat man die so erzeugte Bewegung zur vorhandenen vektoriell zu addieren, was Newton wie folgt formuliert: sie ist, wenn sie mit der vorhandenen Bewegung gleichgerichtet ist, zu addieren, wenn sie entgegengesetzt ist, zu subtrahieren, wenn sie schief wirkt, schief hinzuzufügen und mit jener Bewegung, gemäss der Richtung der beiden, zusammenzusetzen.

Wir sehen hier, dass sich Newton die Kraft in Stösse aufgelöst denkt, die hintereinander wirken. Man hätte also das Bewegungsgesetz zu schreiben als:

$$\Delta \vec{p} = \vec{K}$$

und unsere Kraft wäre alsdann $\displaystyle\lim_{\Delta t=o} \frac{\vec{K}}{\Delta t} = \vec{k}$

Das entspricht auch der Kraftdefinition; denn dort ist von keinem Zeitelement die Rede.

Lex III. ist das Gesetz Actio = Reactio, und Newton fügt bei: Was auch immer etwas anderes drückt oder zieht, wird auch von diesem gedrückt oder gezogen. Wenn jemand mit dem Finger auf einen Stein drückt, so wird auch sein Finger vom Stein gedrückt. Dieser Hinweis ist sehr anschaulich, jedermann kann das "Experiment" machen.

Nun folgt eine Reihe von Korollaren. Deren erstes ist das Parallelogramm der Kräfte, das eigentlich eine Präzisierung der zu Lex II. gemachten Bemerkungen darstellt. Sodann wird darauf hingewiesen, dass das Gesetz des Kräfteparallelogramms die ganze Statik beherrscht. Das III. Corollar enthält die Feststellung, dass sich der Gesamtimpuls eines Systems, in dem nur innere Kräfte wirken, wegen actio = reactio nicht ändern kann. Dabei ist die Relativbewegung vom Gesamtimpuls unabhängig. Gemäss Corollar IV. trifft dies auch zu, wenn auf alle Körper des Systems die gleiche Beschleunigung wirkt, wie dies im homogenen Schwerefeld der Fall ist.

Den Schluss macht ein "Scholium" das beginnt: "Bis jetzt habe ich Prinzipien mitgeteilt, die wir von Mathematikern empfangen haben, und die durch vielfältige Erfahrung bestätigt sind". Newton weist auf die Forschungen Galilei's über den freien Fall hin, und auf die Stossgesetze, die Wren, Wallis und Huygens aufgestellt haben. Von Huygens

sagt er, er sei gewiss der grösste aller Geometer der älteren Generation gewesen. (aetatis superioris Geometrarum facilè princeps)

Dass Newtons Principien in den Werken Galileis und seiner Nachfolger enthalten seien, wird man freilich kaum zugeben können. Galilei betrachtet, wie auch noch Huygens, nur die Wirkung des homogenen
Schwerefeldes. Beiden fehlt ein wohlbestimmter Massenbegriff und damit auch ein Kraftbegriff. Als mechanische Prinzipien dienen bei
Huygens die Erhaltungssätze von Energie und Impuls, die im allgemeinen
das mechanische Problem nicht ausreichend definieren. Die Newton'schen
Prinzipien sind Verallgemeinerung der übernommenen Einsichten, wobei
es keineswegs selbstverständlich ist, wie man zu verallgemeinern hat.
Newton hatte aber kein Interesse,das Neue zu betonen, denn ihm lag
vor allem daran, dass seine Grundgesetze durch "vielfältige Erfahrung
bestätigt sind".

Nun beginnt das 1. Buch, das durch die elf Grenzwertlemmata eröffnet wird. Wie es sein muss, ist das erste Lemma ein Konvergenzkri-
terium, welches lautet: "Grössen, und Verhältnisse von Grössen, die
während einer endlichen Zeit beständig zur Gleichheit streben, und die
vor dem Ende dieser Zeit sich näher kommen, als jede vorgelegte Differenz, sind schliesslich gleich". Für die Mechanik sind die Lemmata
IX und X wichtig. Sie lauten:

Lemma IX. Wenn sich die Gerade A E und die Kurve A B C gegenseitig
        schneiden, und zur Geraden in festem Winkel Ordinaten B D,
        C E errichtet werden, die die Kurve in B, C treffen, und
        nun die Punkte B, C sich gleichzeitig A nähern, dann sage
        ich: die Flächen der Dreiecke A B D, A C E verhalten sich
        schliesslich zueinander wie die Quadrate ihrer Seiten.

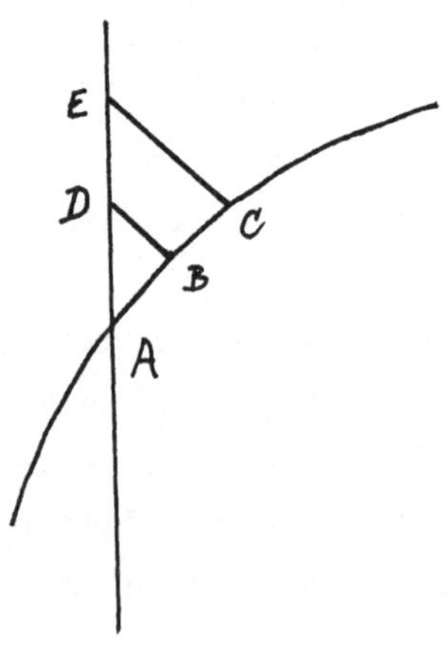

Lemma X. Die Strecken, welche ein Körper unter der Wirkung irgend
          einer endlichen Kraft beschreibt, sei diese konstant oder
          nehme sie stetig zu oder ab, verhalten sich zu Anfang die-
          ser Bewegung wie die Quadrate der Zeiten.
          Beweis: die Zeit werde durch die Strecken A D , A E darge-
          stellt und die erzeugten Geschwindigkeiten durch die Ordi-
          naten D B , E C ; dann sind die erzeugten Strecken durch
          die Flächen A B D , A C E gegeben, also verhalten sie sich
          nach Lemma IX anfänglich in die Quadrate der Zeiten.

Dieses Lemma, zusammen mit dem Bewegungsgesetz II.,ist in den Händen
Newtons zur Bewegungsgleichung $\vec{p}=\vec{k}$ gleichwertig. Die "endliche
Kraft" ist jetzt kein Kraftstoss, sondern das, was auch wir als Kraft
bezeichnen.
Als erster Satz über die Bewegung der Massenpunkte wird der Flächen-
satz bewiesen, der immer gilt, wenn die Kraft eine Zentralkraft ist.
Bei Kepler spielt, wie wir gesehen haben, dieser Satz die Rolle des
Bewegungsgesetzes. Jetzt erweist er sich als Folge der Newton'schen
Bewegungsgesetze, falls die Kraft eine Zentralkraft ist. Da dies bisher niemand auch nur vermutet hatte, so zeigt dies deutlich, dass
Newton's Behauptung, seine Prinzipien stammten von seinen Vorgängern,
nur sehr bedingt zutrifft. Wenn nun umgekehrt der Flächensatz gilt
und man das Kraftzentrum und die Bahnkurve kennt, so ist auch der Be-
wegungsablauf bekannt und man kann das Kraftgesetz berechnen. Dafür
gibt Newton zahlreiche Beispiele. Insbesondere leitet er aus den beiden ersten Keplergesetzen das Newton'sche Kraftgesetz her. Damit wir
sehen, wie er dabei seine geometrisch-analytische Technik verwendet,
will ich die einfachste seiner Herleitungen hier vorführen.
        Newton löst in Prop. VII. Prob. II. zunächst die folgende Auf-
gabe: Ein Körper bewegt sich auf einem Kreis unter der Wirkung einer
Zentralkraft. Das Kraftzentrum befindet sich im Punkt S innerhalb des
Kreises. Was ist das Kraftgesetz?

Lösung:

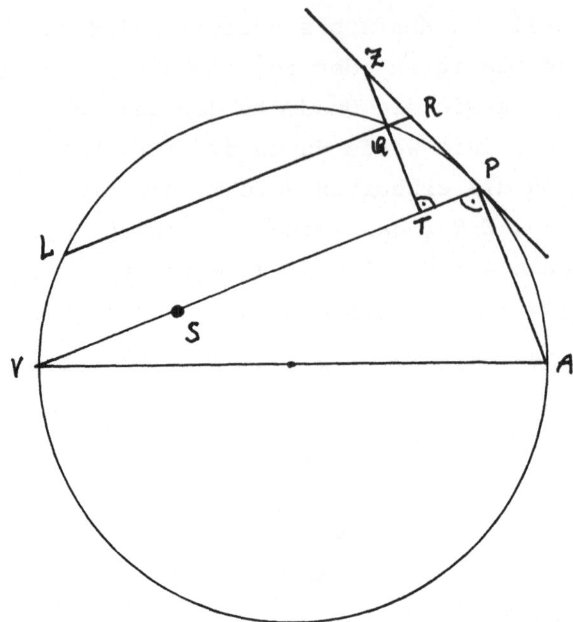

V P A sei der Kreis, P ist der Massenpunkt, der in der Zeit Δt^2 von
P nach Q läuft. S sei das Kraftzentrum. P R Z ist die Tangente an dem
Kreis und V A sein Durchmesser. L Q R ist parallel zu S P und Q T ist
das Lot von Q auf S P, das die Tangente in Z schneidet.
R Q ist der durch die Zentralkraft in der Zeit Δt erzeugte Weg. Ist
 Δt hinreichend klein, dann ist die vom "Radius" S P überstrichene
Fläche, d.h. das Dreieck S P Q, proportional zu S P x T Q $\sim \Delta t$.
Das Lemma X. sagt, dass die Kraft proportional ist zu

1) $\dfrac{RQ}{(\Delta t)^2} \sim \dfrac{RQ}{SP^2 x TQ^2}$, wobei man zum Limes Q → P überzugehen hat.

Nun sind die Dreiecke Z Q R , Z T P und V P A zueinander ähnlich. Darum ist

2)   R P : Q T = A V : P V.

Nach dem Sehnen-Tangentensatz ist

3) RP^2 = R Q x R L .

Aus 2) und 3) folgt:

$$\frac{R\,Q \; x \; R\,L \; x \; PV^2}{AV^2} \;=\; QT^2 .$$

Man multipliziere diese Gleichung mit $\dfrac{SP^2}{RQ}$ und gehe zum Limes Q = P über. Dabei wird RL = PV. So erhält man:

$$\frac{SP^2 \times PV^3}{AV^2} = \frac{SP^2 \times QT^2}{RQ} \ .$$

Also ist, gemäss 1), die Kraft proportional zu:

4)
$$\frac{AV^2}{SP^2 \times PV^3} \qquad q.e.i.$$

Dieses Ergebnis liefert als <u>Corollar</u> die Lösung der folgenden Aufgabe:
P laufe auf dem Kreis. Einmal soll P vom Zentrum S, das andere Mal vom Zentrum R angezogen werden. Die Umlaufsperiode, und damit die Flächen-konstante, seien beide Male die gleiche. Wie verhalten sich die Kräfte k_S und k_R?

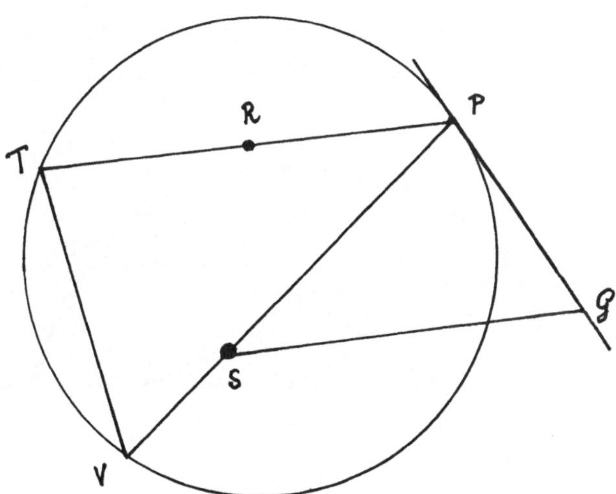

<u>Lösung:</u> PG ist die Tangente in P und SG sei parallel zu RP.
Zunächst ist nach dem bewiesenen Satz, da AV, der Durchmesser, in beiden Fällen gleich:

$$k_S/k_R = \frac{RP^2 \times PT^3}{SP^2 \times PV^3} \ .$$

Nun sind aber die beiden Dreiecke P S G und T P V ähnlich, weshalb

$$\frac{PT}{PV} = \frac{PS}{SG}. \quad \text{Also ist}$$

$$k_S/k_R = \frac{RP^2 \times PS}{SG^3} \quad .$$

Hier kommen nun die Punkte T und V nicht mehr vor: das einzige Bahn-
element ist P und seine, durch die Tangente PG bestimmte, Umgebung.
Darum gilt der Satz für jede beliebige Kurve, die in P eine Tangente
besitzt.

Newton beweist nun im Prop. X. Prob. V., ähnlich wie in Prop.VII.:
Bewegt sich ein Massenpunkt auf einer Ellipse, in deren Zentrum S das
Kraftzentrum liegt, so ist die Kraft proportional zu SP. Die im vori-
gen Corollar bewiesene Formel 5) kann man nun dazu verwenden, auch im
Keplerproblem das Kraftgesetzt zu finden (Prop. XI. Prob. VI.):

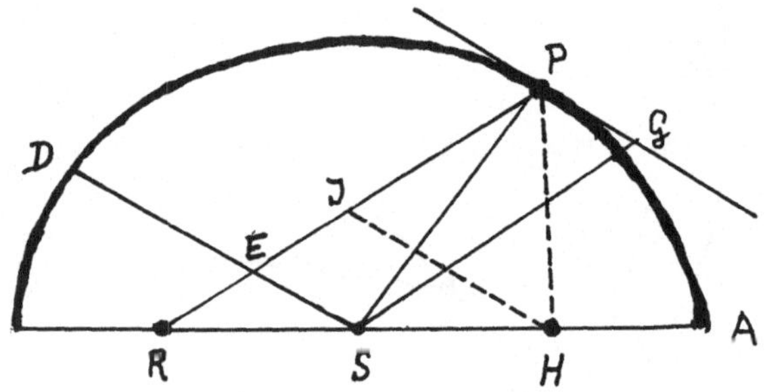

Sei nämlich A P D die Ellipse mit dem Zentrum S und dem Brennpunkt R.
P ist der umlaufende Punkt und PG die Tangente in P. SG sei wieder
parallel zu RP. Ferner sei DS parallel zu PG. Dann ist SG = EP und,
wie man leicht beweist, ist EP immer gleich der Halbachse AS.

Ist nun k_S = SP, dann folgt aus 5) sogleich

$$k_R = \frac{AS^3}{RP^2} \quad .$$

Da AS konstant, ist das das Newtonsche Kraftgesetz!
(Die einzige Aussage, welche nicht unmittelbar einleuchtet, ist EP =
AS. Dies beweist Newton so: H sei der andere Brennpunkt und HJ sei

parallel zu PG. Aus der Brennpunktseigenschaft folgt HP = JP. Ferner
ist RE = EJ, weil RS = HS und ES parallel zu JH.
Also ist EP = ½ (RP + JP) = ½ (RP + PH) = AS.)

Dieser ungemein elegante Beweis, bei welchem Prop. VII., bezw.
ihr Corollar als Lemma dient, findet sich erst in der 2. Auflage der
Principia. Daneben gibt Newton einen direkten Beweis, der ähnlich verläuft wie die Lösung von Prop. VII. Er ist aber bedeutend schwieriger
zu verstehen.

Es ist ganz unmöglich, hier den Inhalt der Principia in Ein-
zelheiten zu schildern. Neben zahlreichen physikalischen Beispielen
zur Mechanik enthält das Buch auch rein mathematische Sätze, vor allem
über die Geometrie der Kegelschnitte.
Newton behandelt u.a. das allgemeine Zweikörperproblem, und zwar im
Prinzip genau, wie wir es heute noch tun. Den Energiesatz beweist er
dabei in folgender Gestalt: "Wenn ein Körper unter irgend einer Zentralkraft sich beliebig bewegt, und ein anderer vom Zentrum aus geradlinig auf- oder absteigt; und wenn beide Körper in irgend einem
gleichen Abstand gleiche Geschwindigkeit besitzen, dann sind die Geschwindigkeiten in allen gleichen Abständen gleich". Die Darstellung
ist geometrisch eingekleidet, und so erscheint sie uns zunächst schwer
verständlich, bis man erkennt, dass sich jede Ueberlegung analytisch
übersetzen lässt.

Falls die Bahn einer Kreisbahn benachbart ist, wird die Präcession der Bahnachse durch eine Störungsrechnung behandelt, wie dies
auch heute in den Vorlesungen geschieht.

Der für die Gravitationstheorie sehr wichtige Satz, dass eine
Kugel nach aussen wie ein Massenpunkt wirkt, wird in Prop. 71 geometrisch direkt bewiesen. Damit wird die Frage erledigt, ob man die
Erdbeschleunigung in der Nähe der Erdoberfläche mit ihrer Wirkung auf
den Mond vergleichen kann.

Im 2. Buch behandelt Newton auch Probleme aus der Theorie der
Hydrodynamik. So berechnet er die Schallgeschwindigkeit der Druck-
wellen. Da er keine partiellen Differentialgleichungen kennt, sind
seine Ueberlegungen umständlich und schwierig. Er gelangt auch öfter
zu falschen Ergebnissen, was die Grenzen seiner mathematischen Technik
aufzeigt. Der Inhalt dieses Buches ist aber völlig neuartig und stellt
den ersten Versuch dar, solche Fragen mathematisch zu bewältigen. Die
Untersuchungen dienen u.a. dazu, die Cartesische Hypothese der Aether-

wirbel zu widerlegen: diese kann die Kepler'schen Gesetze niemals erklären.

Im 3. Buch werden nun die bewiesenen Sätze zur Erklärung des Planetensystems herangezogen. Newton eröffnet das Buch mit vier "Leitsätzen der Physik" (regulae Philosophandi), die in allen drei Auflagen der Prinzipien verschieden lauten, und über die er offenbar viel nachgedacht hat. Von diesen Leitsätzen ist der vierte der interessanteste. Er lautet: "In der Erfahrungswissenschaft (Philosophia experimentalis) sind die Aussagen aus den Erscheinungen durch Induktion gewonnen. Liegen keine widersprechenden Hypothesen vor, so soll man sie für wahr und genau, oder für annähernd genau halten, bis man auf andere Erscheinungen trifft, durch die sie entweder genauer werden, oder durch die ihr Gültigkeitsbereich eingeschränkt wird.

Dies muss geschehen, damit nicht das Argument der Induktion durch Hypothesen aufgehoben werde".

Es wäre zuzeiten gut, wenn sich die Theoretiker an diesen Leitsatz erinnern würden!

Mathematisch-physikalisch ist der schwierigste Teil dieses Buches die Mondtheorie: d.i. ein restringiertes Dreikörperproblem. Mit grossem Geschick werden hier die hauptsächlichsten Anomalien der Mondbewegung durch Störungsrechnung qualitativ und teilweise auch quantitativ behandelt. Auch dies ist eine Pionierleistung Newtons. Das Dreikörperproblem hat die Mathematiker - von d'Alembert und Euler, über Poincaré bis in die Gegenwart, beschäftigt und zu immer neuen Einsichten in die Struktur der Mechanik geführt.

Die "Principia" sind die Vollendung einer Entwicklung, die im Altertum beginnt und, wie wir gesehen haben, durch die theoretische Astronomie angeregt war. Newton hat die mathematisch-physikalischen Ideen seiner Vorgänger in ein Lehrgebäude zusammengefasst. Eine bewundernswerte mathematische Technik hat es ihm möglich gemacht, überzeugend nachzuweisen, dass seine Prinzipien, mindestens prinzipiell, zu einer vollständigen Theorie des Planetensystems führen. Zunächst haben die Zeitgenossen seine Leistung freilich nicht recht würdigen können. Im Verlaufe von einigen Jahrzehnten, wie man seine mathematischen Deduktionen zu verstehen anfing, hat aber sein Werk einen immer wachsenden Eindruck gemacht und sein Ruhm ist beinahe mythisch geworden. Denn ihm war die Lösung eines jahrtausendealten, grossen Problems gelungen, eines Problems, das die Menschen wie kaum ein an-

deres beschäftigt hat. Freilich, die Newton'sche Mechanik war auch
ein Anfang: sie führte zu neuen Fragen, und so war die Entwicklung
nicht zu Ende. Sie ist durch Euler, d'Alembert, Lagrange, Laplace,
Hamilton, Poincaré und viele andere weitergeführt worden und geht
auch heute weiter. Meine Vorlesung soll jedoch hier enden.

Wer, wie wir, einen Blick auf die Vergangenheit getan hat, wird
aber fragen: wo stehen wir denn heute? Diese Frage kann ich hier
nicht beantworten. Statt dessen schliesse ich hier mit einem Zitat
aus Laurence Sterne's "Tristram Shandy":

"Thus - thus, my fellow - labourers and associates in the great har-
vest of our learning, now ripening before our eyes; thus it is, by
slow steps of casual increase, that our knowledge physical, metaphysical, physiological, polemical, nautical, mathematical, enigmatical,
technical, biographical, romantical, chemical and obstetrical, with
fifty other branches of it, (most of 'em ending as these do in "ical")
have for these two centuries and more, gradually creeping upwards to-
wards that Akmé of their perfection, from which, if we may form a
conjecture from the advances of these last seven years, we cannot
possibly be far off.

When that happens, it is to be hoped, it will put an end to all
kind of writings whatsoever -."

<u>Ausgewählte Literatur</u>

<u>Allgemeine Uebersicht:</u>
René <u>Dugas</u>, Histoire de la Mécanique (Neuchâtel 1950)

<u>Geschichte der Wissenschaft überhaupt:</u>
<u>Histoire Générale de la Science</u>, herausgeg. von R. Taton, 4 Bände (Paris 1957). Dieses schöne Werk, das auch interessante Abbildungen enthält, ist von verschiedenen Autoren, meist Fachleuten, bearbeitet und behandelt **auch** die orientalische Wissenschaft. Es hat sehr gute Register und reiche Literaturhinweise.

A.C. <u>Crombie</u>, Von Augustin bis Galilei (Köln 1959). Eine fachkundige und anregende Darstellung der mittelalterlichen Geisteswelt.

E.A. <u>Burth</u>, The Metaphysical Foundation of modern Science. (Doubleday 1955) Eine klassische Studie über den philosophischreligiösen Hintergrund des naturwissenschaftlichen Denkens im 17. Jh.

Die Entwicklung der Grundbegriffe der Mechanik hat dargestellt:

Max <u>Jammer</u>:   Concepts of Space   (1954)
                          Concepts of Force   (1957)
                          Concepts of Mass   (1961)

Klassisch, und noch heute lehrreich, ist:

Ernst <u>Mach</u>, Die Mechanik in **ihrer** Entwicklung historisch dargestellt (1883, seither viele Auflagen)
Das Buch hat eine kritische Analyse der mechanischen Grundbegriffe zum Ziel, und darf nicht als "Geschichte" missverstanden werden. Und doch war es auch als historische Studie epochemachend.

<u>Zu einzelnen Kapiteln:</u>

II. J.L.E. <u>Dreyer</u>, A History of Astronomy from Tales to Kepler (Dover Publ. 1953)

IV. The Works of <u>Archimedes</u>, ed. by T.L. Heath (Dover Publ.)

van der <u>Waerden</u>, Erwachende Wissenschaft (Basel 1956)

V. Marshall <u>Clagett</u>, The Science of Mechanics in the Middle Ages (Madison 1959)

Clagett und seine Schüler haben Ausgaben der mittelalterlichen Texte mit englischer Uebersetzung geliefert.

VI. A. <u>Koyré</u>, La Revolution Astronomique (Paris 1961)

From the Closed World to the infinite Universe. **(Harper, New York 1958)**

J.L.E. <u>Dreyer</u>, Tycho Brahe, A Picture of Scientific Life
and Work in the 16th Century (Dover Publ. 1963)

W. <u>Pauli</u>, Der Einfluss archetypischer Vorstellungen auf
die Bildung naturwissenschaftlicher Theorien bei Kepler.

In C.G. <u>Jung</u> u. W. <u>Pauli</u>, Naturerklärung und Psyche.
(Zürich 1952)

John <u>Lear</u>, Kepler's Dream (Berkeley 1965).

Das Buch enthält eine Studie zu Keplers "Somnium sive
Astronomia Lunaris" , sowie die englische Uebersetzung
dieses merkwürdigen Textes. Lesenswert!

VII.   S. <u>Drake</u> u. J.E. <u>Drabkin</u>, Mechanics in 16th Century
Italy (Madison 1969)

VIII. Galileo <u>Galilei</u>, Dialogues concerning Two New Sciences.
(Dover Publ. New York)

A. <u>Koyré</u>, Etudes Galiléennes, (Paris 1939).
Vorbildliche wissenschaftshistorische Studien!

IX.   Paul <u>Hazard</u>, Die Krise des Europaeischen Geistes
1680 - 1715. (Hamburg 1939)

R.H. <u>Kargon</u>, Atomism in England from Hariot to Newton
(Oxford 1966)

J.F. <u>Scott</u>, The Scientific Work of René Descartes
(London 1952)

XI.   L.T. <u>More</u>, Isaac Newton, A Biography
(Dover Publ. New York)

John <u>Herivel</u>, The Background to Newtons Principia
(Oxford 1965)

Als Uebersicht über Newtons Leben und Werk dient noch
immer am besten:

Ferd. <u>Rosenberger</u>, Isaac Newton und seine Physikalischen
Principien (Leipzig 1895)

(das Buch hat Mängel, aber es gibt kein anderes)

Lecture Notes in Physics

Bisher erschienen / Already published

Vol. 1: J. C. Erdmann, Wärmeleitung in Kristallen, theoretische Grundlagen und fortgeschrittene experimentelle Methoden. 1969. DM 20,–

Vol. 2: K. Hepp, Théorie de la renormalisation. 1969. DM 18,–

Vol. 3: A. Martin, Scattering Theory: Unitarity, Analyticity and Crossing. 1969. DM 16,–

Vol. 4: G. Ludwig, Deutung des Begriffs physikalische Theorie und axiomatische Grundlegung der Hilbertraumstruktur der Quantenmechanik durch Hauptsätze des Messens. 1970. DM 28,–

Vol. 5: M. Schaaf, The Reduction of the Product of Two Irreducible Unitary Representations of the Proper Orthochronous Quantummechanical Poincaré Group. 1970. DM 16,–

Vol. 6: Group Representations in Mathematics and Physics. Edited by V. Bargmann. 1970. DM 24,–

Vol. 7: R. Balescu, J. L. Lebowitz, I. Prigogine, P. Résibois, Z. W. Salsburg, Lectures in Statistical Physics. 1971. DM 18,–

Vol. 8: Proceedings of the Second International Conference on Numerical Methods in Fluid Dynamics. Edited by M. Holt. 1971. DM 28,–

Vol. 9: D. W. Robinson, The Thermodynamic Pressure in Quantum Statistical Mechanics. 1971. DM 16,–

Vol. 10: J. M. Stewart, Non-Equilibrium Relativistic Kinetic Theory. 1971. DM 16,–

Vol. 11: O. Steinmann, Perturbation Expansions in Axiomatic Field Theory. 1971. DM 16,–

Vol. 12: Statistical Models and Turbulence. Edited by M. Rosenblatt and C. Van Atta. 1972. DM 28,–

Vol. 13: M. Ryan, Hamiltonian Cosmology. 1972. DM 18,–

Vol. 14: Methods of Local and Global Differential Geometry in General Relativity. Edited by D. Farnsworth, J. Fink, J. Porter and A. Thompson. 1972. DM 18,–

Vol. 15: M. Fierz, Vorlesungen zur Entwicklungsgeschichte der Mechanik. 1972. DM 16,–

Beschaffenheit der Manuskripte
Die Manuskripte werden photomechanisch vervielfältigt; sie müssen daher in sauberer Schreibmaschinenschrift mit ausreichend großer Type geschrieben sein. Handschriftliche Formeln bitte nur mit schwarzer Tusche eintragen. Notwendige Korrekturen sind bei dem bereits geschriebenen Text entweder durch Überkleben des alten Textes vorzunehmen oder aber müssen die zu korrigierenden Stellen mit weißem Korrekturlack abgedeckt werden. Die reproduktionsfähigen Abbildungen (in Originalgröße) sollen in den Text eingeklebt werden. Falls das Manuskript oder Teile desselben neu geschrieben werden müssen, ist der Verlag bereit, dem Autor bei Erscheinen seines Bandes einen angemessenen Betrag zu zahlen. Die Autoren erhalten 50 Freiexemplare.

Zur Erreichung eines möglichst optimalen Reproduktionsergebnisses ist es erwünscht, daß bei der vorgesehenen Verkleinerung der Manuskripte der Text auf einer Seite in der Breite möglichst 18 cm und in der Höhe 26,5 cm nicht überschreitet. Entsprechende Satzspiegelvordrucke werden vom Verlag gern auf Anforderung zur Verfügung gestellt.

Manuskripte, in englischer, deutscher oder französischer Sprache abgefaßt, sind einzureichen bei: Springer-Verlag, 6900 Heidelberg, Postfach 1780.

Cette série a pour but de donner des informations rapides, de niveau élevé, sur des développements récents en physique, aussi bien dans la recherche que dans l'enseignement supérieur. On prévoit de publier.

1. des versions préliminaires de travaux originaux et de monographies

2. des cours spéciaux portant sur un domaine nouveau ou sur des aspects nouveaux de domaines classiques

3. des rapports de séminaires

4. des conférences faites lors de congrès ou de colloques

En outre il est prévu de publier dans cette série, si la demande le justifie, des rapports de séminaires et des cours multicopiés ailleurs mais déjà épuisés.

Dans l'intérêt d'une diffusion rapide, les contributions auront souvent un caractère provisoire; le cas échéant, les démonstrations ne seront données que dans les grandes lignes. Les travaux présentés pourront également paraître ailleurs. Une réserve suffisante d'exemplaires sera toujours disponible. En permettant aux personnes intéressées d'être informées plus rapidement, les éditeurs Springer espèrent, par cette série de «prépublications», rendre d'appréciables services aux instituts de physique. Les annonces dans les revues spécialisées, les inscriptions aux catalogues et les copyrights rendront plus facile aux bibliothèques la tâche de réunir une documentation complète.

Présentation des manuscrits
Les manuscrits, étant reproduits par procédé photomécanique, doivent être soigneusement dactylographiés type assez grand. Il est recommandé d'écrire à l'encre de Chine noire les formules non dactylographiées. Les corrections nécessaires doivent être effectuées soit par collage du nouveau texte sur l'ancien soit en recouvrant les endroits à corriger par du vernis correcteur blanc. Les illustrations; en dimension originale, préparées pour reproduction sont à insérer dans le texte. S'il s'avère nécessaire d'écrire de nouveau le manuscrit, soit complètement, soit en partie, la maison d'édition se déclare prête à verser à l'auteur, lors de la parution du volume, le montant des frais correspondants. Les auteurs recoivent 50 exemplaires gratuits.

Pour obtenir une reproduction optimale il est désirable que le texte dactylographié sur une page ne dépasse pas 26,5 cm en hauteur et 18 cm en largeur. Sur demande la maison d'edition met à la disposition des auteurs du papier spécialement préparé.

Les manuscrits en anglais, allemand ou français peuvent être adressés à Springer-Verlag, 6900 Heidelberg, Postfach 1780.